密富
码

编著 ◎

浩晨·天宇

知识创造财富

人类最可宝贵的财富是希望

中国言实出版社

图书在版 编目(CIP)数据

创富密码 / 浩晨・天宇编著. -- 北京：中国言实
出版社，2017.1
ISBN 978-7-5171-2190-9

Ⅰ．①创… Ⅱ．①浩… Ⅲ．①成功心理－通俗读物
Ⅳ．①B848.4-49

中国版本图书馆CIP数据核字（2017）第011170号

责任编辑： 胡　明
封面设计： 浩　天

出版发行　　**中国言实出版社**
　　　　　　地　址：北京市朝阳区北苑路180号加利大厦5号楼105室
　　　　　　邮　编：100101
　　　　　　编辑部：北京市海淀区北太平庄路甲1号
　　　　　　邮　编：100088
　　　　　　电　话：64924853（总编室）64924716（发行部）
　　　　　　网　址：www.zgyscbs.cn
　　　　　　E-mail：yanshicbs@126.com
经　销　新华书店
印　刷　三河市天润建兴印务有限公司
版　次　2017年2月第1版　2017年2月第1次印刷
规　格　787毫米×1092毫米　1/16　印张15
字　数　200千字
定　价　39.80元　　ISBN 978-7-5171-2190-9

前　言

　　我们如何才能致富，大自然都是慷慨的，它为每个人准备了丰富的供应，这一点很明显。但是，许多人看上去似乎无缘于这种供应，这一点也同样明显。他们至今没有认识到这一切物质的普遍性，没有认识到心智是引发动因的有效因素，凭借这一运动，我们跟自己的所有渴望的东西建立了联系。

　　要想控制环境，就需要了解心智的发挥和某些科学的法则。这样的知识是最有价值的资产。它可以被逐步获得，一旦被掌握就可以被付诸行动。控制环境的力量，就是它的果实之一。健康、和谐与繁荣，是它的资产财富表上的进项。它所需要付出的代价，仅仅是收获其庞大的资源时所付出的劳动。

　　你可以拥有一切！

　　我们在自己不断成长的空间里，生活方式也在发生很大的改变，可是，我们在精神与理念上应该如何致富？我们知道，通过将精神力量理想化、视觉化、具体化，作为亿万富翁的铁路大亨亨利·M. 弗莱格勒取得了自己的成功。他反复地向自己描述事物整体的图景，最终做到只要闭上眼睛就能看见轨道，看到火车在轨道上

行驶着，听到火车的汽笛声，这最后成就了他的成功。

对于上述的问题，其实我们身边的许多人士已经思考了不止千万次。他们也在考虑，是什么使一些没有学历背景、出身贫寒的人成了中国的富翁？

对于这些问题，我身边的人期望我能够揭开这些人成为富豪的秘密。当看到这些人成为富翁的秘密后，无论你是谁，都会被它打动。

于是，我走近了一个异常富有却名不见经传的人，顺着他的足迹，开始了漫长的财富探寻之路。虽然这段旅程异常艰辛，但我还是乐此不疲地走了下来。

在这条路上，我看到了这位名不见经传的人的身上所体现出的一些财富素质，这些财富素质和很多财富英雄们的创富历程中既有一些相似的地方，例如坚忍不拔、永不退缩、永不放弃等，也有些不同的地方，比如一些财富英雄们可以白手起家，也可以借鸡生蛋，还有他们对自身价值的定位等，这些都体现了他们人生价值的不同走向，有的人一直是众人瞩目的富翁，而瞬间却锒铛入狱！这不得不使我深思，到底富豪们所具备的品质是什么呢？

在这条艰辛地探索财富英雄发家致富的成功路上，我已经看到，财富已经成为这个时代的最强音符，我们的人生与价值虽然不完全取决于我们获取财富的多寡，但是财富却是我们体现自身价值的标准。财富的内因已经远远超越了财富本身，不仅仅是美酒佳

创富密码

看、香车别墅和美人相伴，而是财富带来的权力和秩序、完全和自由、羡慕和尊敬。

所以，我想对大家说的就是：年轻人就应该勇敢地追求财富，财富会给我们带来许许多多的快乐与自由。我们不要犹豫，不要徘徊，能不能成为富翁，只是时间的问题，只要我们坚持不懈地去追求，就能发家致富。如果你相信自己可以做到，你便可以做到。你要坚信：财富主宰在我们自己的手中，贫或富源于自己的心态，失败或成功源于自己的选择。许多富豪在他们拥有财富之前跟你我一样，是一个普普通通的人，甚至有的还身无分文。最重要的在于他们敢于去突破自己，敢于去追求财富。

目 录

第一章
财富欲望

第二章
财富的秘密

创富密码

第三章
思考创富

目

录

第四章
人生内在的财富

创富密码

第五章
致富的信念

目

录

第六章
财富的积累

创富密码

第七章
感受金钱的存在

目

录

第一章
财富欲望

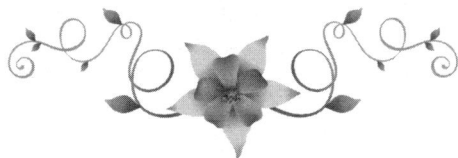

　　每一个人一旦到了知道金钱用途的年纪，就会开始渴望有钱。光是"渴望"，并不能够带来财富，但是这种"渴望"，却使人的心态变得执着热切，使人着手计划积累财富，更能以绝不认输的毅力，支撑实现这些计划。这种"渴望"就是拥有财富的愿望，只要向着这个愿望努力，它就将会带来财富，许多成功的财富巨人都是从这里开始的。

关于财富

财富是一只狡猾的狐狸，它很难被抓住，更难让它安定在某一处。财富这种不可捉摸的特性，使得它很难被把握，所以要赚取财富并不容易。但是只要把握住机会，也能够在一两年的时间里获得其他人努力一辈子也无法获得的财富。

财富早就等在那里了，能不能取得靠我们的努力和获取的方法。财富不是少数幸运儿的专利，应当相信自己能够获得财富，只有有了对财富的执着信念，有了对幸福的渴求，就能获得应有的财富。

贫穷也许会得到怜悯，但事实却是如果不够富有，那么你活得将会很艰辛，如果一生贫困，意味着你的人生有很多缺憾。如果没有足够多的钱，一个人将无法在智慧或心灵的层面上达到完美，因为很多东西是用钱才能买到的。

人类要拓展思想和发展身心，就需要利用很多东西，然而要做到这一点，金钱是必不可少的，因此人要发展就必须先科学创富，就必须学习创富心理学。

创富是一个自我实现的过程，更是经济的哲学，它既研究一个人脱离贫困、经济充裕的方法，更着重于帮助个体建立完善的财富观，寻求享受真实人生的途径。

生命在于展现，和谐而有建设性地展示自己是每个人的责任。我

们并不需要悲伤、痛苦、不幸、疾病和贫穷，所以应该坚持将它们消灭干净。

不过，在消除这些因素的过程中，你要克服并超越种种限制。一个已经强化并净化了思想的人，不必再担心病毒的侵扰；一个已经领悟了创富法则的人，能立即找出挣钱的途径。

因此，命运、财富和运气始终受你个人支配，就如船长控制船只或司机驾驭汽车一样容易。

一颗种子，从枝头落下，埋入土壤，生根发芽，长叶开花，结出果实，待新的果实成熟落地之后，原本的植株才真正走完了生命的历程，化作春泥，重归大地的怀抱。我们的人生也是如此。用中国人的观点，即宇宙间万事万物都有"气数"，气数是一种变化，同时又是一种必然。

让我们仔细观察一下今天的富人阶层，处于这一阶层的人包括比尔·盖茨、拉里·佩奇、迈克尔·戴尔等IT科技公司的领导者，也包括卡洛斯·斯利姆·埃卢、伯纳德·阿诺特、李嘉诚等大实业公司的领导者，还包括像伍兹、罗纳尔多、科比等著名的运动员……几乎所有行业的领头羊都成了富人。

你是否想过，为什么他们会比其他同样刻苦、同样渴望财富的人更成功？让他们超越其他人成为富人的原因很简单，除了他们拥有更多的财富能量以外，他们的身体能量也是重要的因素。身体能量虽然不能创造财富能量，但是从相关定律来看，如果一些人的付出比另一些人的付出显得更有价值，那么他们就可以获得比其他人多的财富，

决定这种付出的价值的就是我们的身体能量。

人的身体能量强大，奋斗起来就比一般人精力更充沛，气场更强大，当然也更容易成功。例如，科比是现在最炙手可热的篮球运动员之一，相对于其他球员来说，他可以提供更多的得分，让球队获得更多的胜算，这些优势对于一支球队来说是至关重要的。所以，科比可以拿到千万美元以上的年薪，而其他一些球员只能拿到几百万美元的年薪。是实力的差距决定了科比比其他人拥有更多的财富，而这种实力的差跟则来自于其强大的身体能量。

像科比这一类主要依靠身体技能获取巨额财富的人，在富人阶层中只占很少的比例，更多的人依靠的是更为特殊的身体能量——大脑。大脑对于每个人的气场至关重要，大脑高速运转时，一个人的大脑气场就会相应增强。依靠大脑能量获取财富的人会比其他人更加聪明和敏锐，可以创造出更多的精神财富。最重要的一点是，大脑气场强的人可以通过大脑的创造获取更多的物质财富。

利用大脑能量致富的最典型例子，就是曾长期占据世界首富位置的微软创始人比尔·盖茨。

比尔·盖茨刚开始与IBM合作时，IBM曾经考虑购买微软的版权。这一想法最终未能成为现实，固然和IBM认为机器可以比软件赚取更多的利润有关，更重要的是比尔·盖茨的坚持。比尔·盖茨在与IBM签署协议的过程中，做出了一个虽然非常小但足以影响世界的决定，协议并没有规定微软设计的软件只能提供给IBM。几年以后，各大制造厂商纷纷加入了电脑市场的争夺中，它们在硬件领域你争我

夺，却全都采用微软的系统，微软超过IBM成为IT领域的领头羊。

比尔·盖茨比同是软件程序员的人拥有更多的财富，不仅是因为他编出的程序更好，也因为比尔·盖茨的大脑思考得多。他不仅考虑到了现在，也考虑到了未来。强大的大脑能量为他拥有财富提供了双重支撑：第一重是他的专注，研发出了商业化最成功的软件系统；第二重是他的眼光，保留版权让他凭借自己的创造换回了最多的财富。

总之，气场影响一个人的财富，而产生影响的不仅仅包括财富能量的多少，还包括身体能量的强弱。

财富能量决定你未来拥有财富的多少，而身体能量的强弱则会影响你获取这些财富的条件和途径。气场能量并不仅仅是心灵能量和身体能量的简单相加，在很多情况下，一个可以利用好自身气场能力的人能够得到1+1>2的效果。

"财富"是一个令人着迷的字眼。有人不禁问道，平凡如你我的普通人，能够得到财富之神的眷顾与垂青吗？答案是肯定的。因为致富既不靠运气，也不靠投机，更不是可遇不可求的上天恩赐，而是一门人人都可以学到的技巧。

已经出现的富人带给我们很大的影响，尤其是他们给我们总结出的实用、完美的致富哲学，让我们不得不做这样的沉思：我们应该如何才能致富，富了如何才能不被金钱所奴役，如何使用财富，如何幸福地生活。在自己不断成长的过程中，我们的生活方式也在发生很大的改变，可是我们在精神与理念上应该如何致富？

千万别存这样的想法：资源的总量是有限的，并且总量也是固定

的，所以大多数人穷困就很正常了，只有少数人才能富裕，我不相信我能发什么财。如果这么想，那么你不仅真的发不了财，而且很可能一辈子一贫如洗。

最近，我对上面这句话深有感触，在和朋友聊到"富"这个话题时，我忍不住念叨："为什么只有少数人能够发大财呢？这是因为他们心无旁骛，心中只有一个'挣钱发财'的念头，他们根本不想贫困，也从来不相信自己会因为得不到某个东西而发愁。"坚持沿着内心指引的方向，为实现心中理想而努力奋斗，这是获取财富的最佳方式。获得财富的方式，是在内心深处牢牢地树立对财富向往和渴望的观念，并且不断地对自己说："属于我的我一定能得到。"如果能坚持这一点，那么就算你想远离财富，财富都会追着你。

第一章　财富欲望

创富的欲望

我们知道渴望致富是一种相当完美的权利，你应该渴望成为有钱人。假如你是一个负责的男人或者正常的女人，你就不会反对这样做。

人的欲望可以分为这样三种：一是名誉的欲望；二是地位的欲望，也就是权力的欲望；三是财富的欲望。但是，在这三种欲望之中，最具有吸引力的就是财富，这一点是毋庸置疑的。从一个国家来说，经济基础决定上层建筑，对于一个人来说经济基础决定自由程度。所以我们不难想象，一个缺钱的国家将会发生什么。可以说，财富是社会活动的最大目的，正所谓"天下攘攘，皆为利往"。人们共同创造财富，共同享受财富。不同的是，有的人获得了很多的财富，而有的人则只能维持生活。

你渴望财富，越多越好。为了实现这个目标，你渴望拥有不同常人的天赋，可是你以什么来答谢老天对你的眷顾呢，你是否会偶然以要看清它们而加以利用呢？

如果现在有人愿意给你提供一百万，你会用它来做什么呢？有人会说买一艘游艇或豪华跑车，享受美好时光。但是那个人为什么给你提供一百万？他难道不会合理地利用这笔钱吗？为什么白白将它们拱手相让？

假设你去跟一个和自己有交情的银行家借钱，你希望他能借给你十万美元。一般银行家不会说不借，而是会首先问你"你会用它来做什么？"如果你的回答"买一艘游艇或一部豪华跑车，好好地享受一番"，那么你觉得他会借给你吗？你绝对一分钱都得不到。

因此在你向银行贷款之前，首先得有个计划。如果银行家足够精明，他在给你大笔贷款前，会让你通过某个小渠道来事先验证一下，以确保你的方案确实可行。

如果你在各方面都具备良好的天赋，你是否应该首先想想自己能为人类带来什么益处呢？

亨利·福特身价十亿，或许可以称得上当时的世界首富了。很多人很好奇他是怎样发家的，其实这完全得益于他的一个想法。他想让每个人都有驾车的机会，很显然这个想法很自然地和人们的切身利益有关。它向每个人敞开了怀抱，为数以万计的人们带去了阳光和生机，最终亨利·福特本人也从中得到了丰厚的回报。

汽车制造商们将每一个工人都看作一个潜在的买主，并努力使他们的这一想法成为现实。电话公司、燃气公司、电灯装配公司以及录音机制造商们，将每个家庭都视为他们的潜在用户，并尽可能地使他们的产品实现最大普及。

渴望是成功的原料，可以转变成信心，再变成决心，最后付诸行动。渴望来自你的梦想，从你的想象中萌芽，让世界更美好、人生更美丽。

如果你坚信自己对财富的渴望，你就能拥有不可动摇的信念。

如果我们渴望获得财富，那么财富必然会到来。集中意念于想要的事物之上，然后再付出适当的努力，我们就必然能获得想要的东西。然而我们常常发现当获得渴望已久的事物时，我们并不会有期待中的感受。也就是说满足感只是暂时的，甚至是与我们的期望相反的。

渴望也是一种心理力量之一。每个人都应该怀有强烈的渴望，渴望活出精彩的人生。渴望能够提升你的心智，让你的心智与你的行动和力量完美地结合在一起，当心智在行动的领域发现自身时，就会焕发出巨大的潜力。我们都知道只要我们停留在低层次的生命形式上，就无法做到这一点；只有当我们进入生命的较高层次之后，才会开始积蓄自己的灵感和力量，以达到更高层次的目标。

我们知道，所谓热切的渴望就是全身心地渴求能得到我们想要的东西，但是如果只是有意识地这样渴望是什么也得不到的，潜意识里也要这样渴望，否则就不能称为全身心的渴求，因为潜意识的自我也是自我的一部分，而且是至关重要的一部分。

举个例子来说，如果我们渴望能在自己的工作上取得更大的成功，就在每一次表达这样的欲望时，想一想与我们工作相关的器官。如果商人想取得商业上的成功，就想一想自己的经商器官；如果是个音乐家想有更深的音乐造诣，就想一想自己的音乐器官。

我们在渴望得到美好的东西时，也要问问自己有什么可以回报这样的美好。仅仅实现自己的理想，得到最美好的东西是不够的，还必须不断地完善自我，塑造一个最佳的自我，这样才能不辜负这花花世界。

创富密码

在我们许下自己的理想之前，我们必须自问假若理想实现我们拿什么来回报。因此与我们对理想的追求相对应，我们必须也同样追求自我的完善，只有这样才能在各个方面配得上我们的理想，才配拥有这样的理想和财富。

如果我们渴望能有一个理想的伴侣，那我们要追求的就不仅是理想中的伴侣，还有我们个人品质的完善，因为具有良好的品质才能让我们自己先成为对方的好伴侣。如果我们渴望能有一个新环境，那就应该用我们全部的生命与灵魂去追求，与此同时还应追求我们自身能力的提高，因为只有这样才能为自己赢得一个更好的环境。如果我们希望自己能有所作为，那么我们在奋斗的同时，也必须追求自我的全面提高，只有这样我们才能真正有所作为。

渴望财富并没有什么错。对财富的渴望实际上就是对拥有更丰富、更完整、更充实人生的渴望，而这种渴望是值得赞扬的。如果谁不希望活得更充实，那么这个人精神一定有问题。如果谁不希望拥有足够多的钱来购买想要的一切，那么他的精神一定也有问题。

有了渴望为基础，你就能定出明确的人生目标，并且付诸行动。有这样一个故事：铁路大王詹姆斯·希尔当初只是一个小职员，有天他坐在发报机前面，替一位妇女发电报给她一位因丈夫被杀身亡、不幸成为寡妇的朋友。电报的内容给他很大的启示："期待和丈夫在更美好的世界重逢，让这份渴望化解你的悲伤。""渴望"这两个字震撼了希尔的心，他开始思考渴望带来的机会。他梦想有一天建造一条通往西部的铁路，梦想变成坚定的决心，他终于实现了梦想。从简单

的"渴望"这两个字开始，一个电报收发员的梦想，成就了北方铁路网，希尔在实现梦想的过程中，造就了许多千万富翁。他知道顾客就是财富，是铁路经营成功的命脉，因此他说服了农民、矿工及伐木工人，利用他的北方铁路网运送货物，往西部拓展。希尔建造的铁路王国，从加拿大到密苏里州，甚至还把路线拓展到东方。

奎松梦想并且渴望他所热爱的菲律宾群岛能够有独立的政府，他甚至大胆地想象有一天自己将成为菲律宾共和国的总统。他的渴望变成一种坚定的信念，并且付诸行动，为了让菲律宾成为独立的国家，他不遗余力。在他当选新菲律宾共和国总统的当天，他说："我衷心感谢你们的鼓励，让渴望之火在我的心里不断燃烧，直到胜利光辉的到来。"

奎松的故事给你的启示是，你必须让想象自由地产生渴望，大胆地梦想，相信天底下没有不可能的事情。梭罗说过："在空中建造楼阁，你的努力不会白费，它们本来就是高高在上。现在你要开始建造地基。"

从你的渴望和信心开始，定出一个明确的目标，写下来，牢记在心里，变成一颗启明之星，指引你的成功之路。你很容易判断，自己的行动对于达成目标是有利还是有害。故事都是这样开头："从前有一个人，他渴望有朝一日……"你也应当如此。

对多数人而言要这么做并不容易，因为他们心里仍然有一种旧观念，认为通过贫穷和自我牺牲是伟大的。他们将贫穷视为计划的一部分，认为贫穷是上帝需要的，他们认为上帝已经完成了自己的工作，

创造了所能创造的一切。人类则必须维持贫穷，因为世上的一切不够人类使用的。这种错误的想法根深蒂固，以至于让他们不屑于挣得财富。只要条件允许，他们就不会要求太多，只要维持相对舒适的生活就好。

财富是手段，不是目的；财富不是主人，而是仆人。永远不要把财富看作一个终点，而应该把它看成一条达到终点的途径。不能让财富成为自己的主宰，自己服务于财富的做法是得不偿失的。

哈里曼的父亲是一个穷职员，年薪只有200美元；安德鲁·卡耐基全家刚刚来到美国时，他的母亲不得不去帮工来养活一家人；富可敌国的托马斯·利普顿，最初只有25美分。这些人没有什么财富和权势可指望，但这并没有成为阻挡他们成功的障碍，他们都取得了巨大的成功。

年轻人就应该勇敢地追求财富，财富会给我们带来许多快乐与自由。也许你周围似乎已经有人破解了财富密码，所以发了财，他们住在富人聚集区，开着崭新的高档轿车，做着他们喜欢的工作，他们的孩子上着最好的大学，他们可以享受充满惊险刺激的假期，他们有成功的、志同道合的朋友，他们有时间和金钱投入慈善事业，而且只要他们愿意，他们就有时间和他们想要在一起的人做他们想做的事情……看上去，他们拥有一切。但是，我们应该想想他们是怎么得到这些的。

他们真的赚了这么多钱，这是毋庸置疑的，并不是他们做了一些违法的、不道德的事情，而是他们有渴望财富的信念，而且又懂得如

何去获得财富。

你不应该得到这些吗？你不是比他们更诚实、更努力、更谦逊吗？你心里可能这样想："为什么他们有这么多钱？这不公平！"当然，可能公平，也可能不公平。但是，如果你把注意力集中在不公平上，嫉妒就会毁掉你。不要看重他们和他们所拥有的一切。看看你自己的金库，争取理应属于你自己的东西吧！而且这笔财富在你出生前就为你储备好了。人从诞生的那一刻起，就具备了打开财富大门的钥匙。打开这扇门，或者关闭这扇门，全都由你来决定。

所以我们不要犹豫和徘徊，要坚信我们一定能够成为富翁。事实上，如果你相信自己可以做到，你便可以做到。许多富豪在他们拥有财富之前跟你我一样，都是一个普普通通的人，甚至有的还身无分文，他们之所以成功，最重要的就是他们敢于去突破自己，有获得财富的强烈渴望。

当然具备这些条件之后，我觉得还不够。有一种现象需要大家注意：有许多继承亿万家产的富家子弟在短短几代之内，有的甚至在一代内就把财富挥霍一空，所以中国自古就流传着这句"富不过三代"的民谚。其实富豪与平常人之间是保持着一种正常的流动性，正是由于这种流动性，才使财富保持了它最大的稳定性。因而富豪在不停地变，而社会的总财富却在不断增长。但只要我们能够像富豪一样行动，我们也可以成为富豪，这一点是毋庸置疑的。世间那些亿万富豪开始的时候也就是个普通人而已，所以我们只要有成为富豪的信心，就有可能成为富豪。

创富密码

一个人再穷，都不能穷思想。想过富有的生活，要先有富有的思想。脑袋富有，钱袋才能富有。拥有富有的思想，就能拥有财富。我们一定要以一颗平常之心看待富豪和财富，并坚信自己也一定能成为富豪，这样我们不仅在精神上已经接近富豪了，而且在未来我们就会是一个名副其实的富翁。

这里我们虽然使用了阿Q精神，但如果朋友们从现在开始，不断地为这个目标而努力、奋斗，相信最终绝对会财源滚滚。

所以说渴望财富完全合理，事实上正常人谁也无法控制对财富的欲望。你应该好好学习创富的方式，因为这是人生中最不可缺少的一门学问。如果忽视了它，你就等于没有尽到对自己、对上天以及对全人类的责任，因为只有尽力充实自己，才是对自己来到这个世界的最好回报。

你靠什么获取财富

一无所有的年轻人靠什么获得财富呢？

关于这个问题，马登有这样精彩的回答："年轻人面对的首要问题，不是抱怨自己一无所有，而是应该从思维、个性和品德等诸多方面锻造成功者应具备的基本素质。"这些基本素质就是自身的内在资本。同时清醒地意识到诚实信用的可靠人品、勤奋的工作习惯、明智合理的做事方式，加上不断激发自己的潜力，是通向创富的最可靠路径。

我们知道生物存在的目的就是要成长，而且所有生命体都有权利获得成长机会。

于是我走近了一个名不见经传的人，我顺着他的足迹开始了漫长的财富探宝之路。只要你沿着这条路走下去，你将会发现一座巨大的金库，在金库大门的另一边是一种富裕、成功、安全的生活方式。金库里面有所有你想拥有的东西，但是怎么破解这座金库的密码呢？这就是本书的目的。

如果要致富，就需要和很多已经发财的人一样，需要具备一些素质。这些素质是坚忍不拔、永不放弃等。同时也还需要具备一些不同的素质，那就是灵活的商业头脑。

有专家曾对《福布斯》富豪榜上评出来的亿万富翁进行研究，

创富密码

发现大部分亿万富翁都有一些很相似的地方，他们大多数并不喜欢炫富，不一定穿金戴银、西装革履。归纳起来大致有以下七点：

第一点：身体力行俭、省、抠。

第二点：理财投资精、准、等。

第三点：买东西务必比、杀、狠。

第四点：育儿切忌宠、惯、给。

第五点：分配财产审、慎、早。

第六点：职业方向专、精、棒。

第七点：事业生涯创、闯、冲。

美国有很多富豪，对于他们来说，真正的快乐在于创造而非拥有财富。大多数亿万富翁不是巨商富贾的后代，也不是因为中了头彩而一夜暴富，他们往往平凡朴素。成为亿万富翁主要不是靠运气、遗产、高学历或高智商，发财靠的是知识、胆识、自知之明，依赖努力、毅力、规划及最重要的自制力。正如《福布斯》杂志规定的评估财富的标准："那种依靠自身才智及实力而非出身或其他外界因素赢得财富的个人。"

我们已经看到财富已经成为这个时代的最强音符，我们的人生与价值完全取决于我们获取财富的多少。人生的生存权利指的是无限制自由使用一切有助于完善身心和精神的事物，换句话说也就是财富的权利。

不过，富人与普通人是有所不同的，但差距并不如财富天平上显示的那么大。无论一个人多么富有，世界上总还有更富的人。如果将

过去的创富过程作为一个路标的话，那么在不久的将来就连世界首富也将被一个富于创意、雄心勃勃并谙熟创富心理学、能预见未来的人所取代。

最后需要强调的是虽然你可以利用周围的无形本体创造财富，但财富并不会凭空出现在你的面前。

比方说，如果你想要一台笔记本电脑，你不可能只靠意念将笔记本电脑的形象铭刻在无形本体之上，然后什么都不做，就想让它出现在你的房间或其他地方。我的意思是，如果想要一台笔记本电脑，那么就在心中想象它的形象，并坚信它早已被生产出来，而且正朝你而来。无论是思考还是说话，都要绝对肯定你能得到它，并想象自己已经得到了。

无上的智慧本体会依照你的意念将笔记本电脑带到你的面前。如果你住在缅因州，那么可能有人从德克萨斯州将它带来，然后通过某种交易方式让你最终得到它。

如果是这样，买卖双方都能通过这项交易得到利益。

要时刻谨记，智慧本体无处不在。智慧本体渴望充实生命、完善生活，因此它早就促成了笔记本电脑的产生，它能通晓和影响一切。它还能创造更多，但前提是人们对某物有坚定的欲望，并愿意用特定的法则来得到。你一定能够拥有一台"笔记本电脑"，同样地你一定能拥有想要的一切，然后利用它们充实自己的和别人的人生。

人们来到世间，本应幸福、快乐和富足。但我们总认为有限的财富资源轮不到自己头上来，不相信世间财富具有无限性，这就是我们

创富密码

的问题所在。也就是说我们并没有理解如何成功获取财富的法则，更没有按照它的指引去努力奋斗，反而时常自信不足，总是担心疑虑，以致原本很容易得到的财富资源，也白白地错失了。这个观念就像数学上的定律，你只有遵从它，它才会给你带来正确的结果。可见你现在贫困并不在于财富本身有限，而是在于你还没有想要获取财富的欲望。

你内心想要多少财富

"心想才能事成"，如果在"想法"之外还有明确的目标、恒心以及将这一想法转化成财富或其他物质需要的强烈愿望，那么你就会拥有无比强大的奋斗动力。

埃德温·巴恩斯在多年前就发现了敢想就能创富这条真理。这并不是空穴来风，而是从最初的一个强烈的欲望开始，到最终成为大发明家爱迪生的合伙人，在这个过程中一点一滴积累出来的经验。

巴恩斯的"欲望"，其主要特征是很明确的，他想和爱迪生共事，而不是为他工作。我们来看看他是如何将欲望变成现实的，这有助于你更好地理解他的致富原则。

当这种欲望或者思想冲动第一次出现在他的脑海中时，他根本不具备实现这个欲望的条件，有两大难题摆在了他的面前。一是他不认识爱迪生，二是没有足够的钱乘火车去新泽西州的奥兰治。在这种情况下，很多人会放弃这种不现实的欲望。但是他的欲望却越来越强烈，就是要和这位发明家一起奋斗。

多年以后，爱迪生在谈到与巴恩斯的第一次见面时说："他在见到我之前，和一个普通的流浪汉没有什么两样，但是他的脸上露出的神情，让人觉得他有一种追求目标的执着。从多年与人交往的经验。我知道如果一个人真正想得到一件东西，就愿意用整个未来做赌注，

创富密码

那么他一定会得到。我给了他这个机会，因为我看出他已经下定决心，不达目标决不会放弃。事后证明果然如此。"

　　他能在爱迪生的办公室开始自己的事业，并不是靠英俊的外表，因为那恰恰是他的弱点。起关键作用的是他的意念。第一次会面时，巴恩斯并没有立即成为爱迪生的事业伙伴，他只是被留下，可以在爱迪生的办公室工作而已，而且薪水很低。几个月过去了，表面看来巴恩斯并没有朝心中确立的远大目标更进一步，但他的头脑中正在经历一个重大变化。他要做爱迪生的事业伙伴，而且这欲望正越来越强烈。

　　心理学家说得对："如果一个人真想做一件事，那他一定会做成。"巴恩斯已经准备去做爱迪生的事业伙伴，而且他已经下了坚定的决心。他没有对自己说："干这个能有什么出息？还不如换个推销员的工作。"他却这样对自己说："我到这儿来，就是要加入爱迪生的事业。我一定要实现这个愿望，即使让我用一生来追求我也愿意。"他是这样说的，同时也是这样做的。如果一个人确立了明确的目标，并且矢志不渝地去追求，那就会创造一个完全不同的人生。也许年轻的巴恩斯当时并没有意识到这一点，但是他那种坚定不移的决心和实现梦想的执着，注定会帮助他排除一切困难和阻碍。

　　机会一般会伪装起来，当机会真的来临时，它出现的形式是我们想不到的。机会的狡猾之处就在于它习惯于从后门溜进来，而且常常以"不幸"或"暂时的挫折"这样的假面目出现。也正因为如此，许多人才抓不住机会。

爱迪生当时刚刚完善了一项新发明的办公室设备——"爱迪生口授机"。他的推销人员对这种机器并没有热情，认为这机器不下大力气根本卖不出去。巴恩斯看到自己的机会来了。这个机会悄无声息、以一种奇怪的形式出现。除了巴恩斯和它的发明者之外，没有人对它感兴趣。巴恩斯知道自己能卖出爱迪生的口授机，所以向爱迪生提出了自己的想法，他立刻得到了机会。他卖出了机器，实际上他做得非常成功，所以爱迪生和他签订了合同，让他在全美进行销售。通过与爱迪生的合作，巴恩斯发了财。不过他成功的意义还不仅仅于此，他的成功还向世人证明了，一个人只要有梦想就能成功。巴恩斯最初的梦想对他究竟值多少钱，我们不知道，也无法估算。也许他获得了两三百万美元的收益，但与他获得的知识和经验财富相比，金钱的数额有多大已经不重要了。这种知识和经验累积的财富就是，运用已知的原则、无形的意念能够带来丰厚的财富回报。

巴恩斯就是靠着自己的意念与伟大的爱迪生成了事业伙伴，并因此而发了财。他除了知道自己想得到什么和拥有不达目的不罢休的意志外，他是没有任何资本的。

大多数人信服人类的竞争是弱肉强食，认为这是商业活动中的基本原则，并以"竞争是商业的生命"这一信念为指导。当我们意识到自己属于某一整体时，就不再会恐惧和空虚，因为那时我们正站在宇宙财富的中心上。

不少人的生活世界就像一片撒哈拉大沙漠，生活一片荒凉，只是偶尔会发现一点儿绿色和花朵，再幸运一些的话会发现水源或绿洲。

也就是说，尽管生存状态整体欠佳，远远达不到理想的富足状态，但也会偶尔碰到好运气。

一个小男孩坐在钢琴前，努力想弹出和谐的旋律。但是，他无论如何也没有能力弹出好听的音乐，他因此而感到沮丧和气恼。旁听的人问他为什么要生气，他回答说："我感觉到音乐就在心里，但双手就是无法配合。"他"心中的音乐"蕴含了生命的一切可能性，反映出智慧的本体想要通过手去表达音乐的强烈欲望。

造物主也就是那无形的智慧本体，希望借助人类体验与享受一切。他就像在说："我要用人类的双手建造宏伟的建筑，绘制出曼妙华丽的图画，弹出优美和谐的音乐。我要用人类的眼睛看到一切美好的事物，从人类口中说出伟大的真理，用人类的双脚行万里路，并吟唱出悦耳的歌曲……"

只要有可能造物主就会通过人类表达一切。他希望会弹奏曲子的人都拥有钢琴或其他乐器，并帮助他们将才能发挥到最佳；他希望每个有机会领悟真理的人，都能游历四方；他希望每个懂得欣赏的人，身边都充满美好的事物；他希望所有懂得品尝美食的人，都能吃得到山珍海味。

他希望一切都顺其所愿，因为是他在享受和体验这些，是他想宣传真理，想弹琴，想唱歌，想享受美好的事物，想丰衣足食。

因为你对财富的渴望，其实是智慧本体渴望通过你呈现自己，就像他希望通过那个弹琴的男孩呈现自己一样。所以，你不必担心自己要的太多。你的责任是集中力量呈现造物主想做的一切。

许多人不可能会取得大的成就，他们自己关闭了通向富足的大门，因为他们的内心充满对成就和财富的怀疑、担心和恐惧。一颗充满狭隘、萎靡、质疑和悲观之情的心灵，怎么可能营造出富足的人生？富足乃是富于活力的精神创造物。心中充满怀疑和担心，会削弱精神意志自身的能量，使身心沦陷在消极、悲观的精神状态中，这会将富足与繁荣都排除在自己的人生之外。这种消极的精神状态与富足感是相互抵触的，所以也不可能将富足吸引到自己的生命中来。

　　人们当然不愿意远离机会、财产和富足，但却又一直对这些充满怀疑和胆怯，也没有勇于追求。而这一点恰恰是这种消极的情绪在潜移默化地使人们离成功越来越远，让人们丧失斗志而得过且过。正是对财富的怀疑和恐惧使你成了这么穷的人！

　　如果我们的精神状态不够稳健，在智力层面就很难做到把财富吸引到我们身边来。

　　如果我们不能跟上那个可以源源不断给我们年代能量的源头的步伐，人生就会变得多灾多难。记住，我们人生的局限存在于我们自身精神之内，因为宇宙对人类富足生活的供给是相当充足的。我们想要的东西不是太多，而是太少了，因为我们害怕自己的所求多于应得的。由于思想中缺乏争取精神，所以我们在富足的资源面前畏首畏尾，做一天和尚撞一天钟。富裕的泉水在我们的大门口汩汩流动，我们却只沾到几滴水珠；富裕的生活一直在那里等着我们去取，我们却忽视它的存在。没有哪个人天生注定是穷人。但我们对自己的轻视和不自信，使我们变成了穷人。最荒诞无稽的错误观念莫过于认为富裕

创富密码

是居高位、能力强、运气好的人才能享有的专利权。

只要想通了成功实现富足生活的道理，人们才可能有美好的前途；如果一个人以种种借口拒不愿意相信正确的道理，那么他的一生注定要充满坎坷了。

内心对富足的感情可以为我们带来一切，我认识一位女士总是对身边事物充满感恩，还特别善于发现高质量生活的价值，她从不怀疑自己有一天会过上富足的生活。在她看来事无大小，皆不普通，她连自己从事的最平凡的工作都认为充满了神圣的意义。她行事不骄不躁，不瞻前顾后。她爱每一个人，而人们也都爱她。她天性阳光快乐、与世无争，从不质疑造物主的无穷智慧和恩赐，与人相处其乐融融。她是真正富有的人，能把愉快和富足带给身边的人。

我们也知道世上还有这样一种人，无论他们有多少财富，都不可能成为精神富足的人。因为这些人天生刻薄、小气，内心充满贪婪和自私，这些品行会把甜蜜和温馨挤出他们的生活。

要想达到宝贵的境界，首先要有富足的思想。我们发现使身心满足并不一定非得借助外力时，发现可以滋润心灵的清泉源自我们内心时，就不会再感到匮乏。因为，现在我们懂得了如何去内心深处发掘那个取之不竭、用之不尽的宝藏。以前我们之所以会遇到困惑和困难，是因为缺少富足的思想和富有积极创造力的内在心灵。

对财富的饥渴力量

在20世纪70年代的华尔街，人们一提到唐纳德·索马斯·里根这个人，就会胆战心惊。里根是华尔街股市中一个经纪大亨，是华尔街一家著名投资公司——梅里尔·林奇公司的总裁。他可以使华尔街的股民笑的变哭，哭的变笑，简直是"翻手为云，覆手为雨"。里根与肯尼迪是同学，他对家财万亿的肯尼迪家族羡慕不已，他暗暗发誓：一定要拥有足够令人惊叹的金钱。里根坦言："我喜欢金钱，对我来说，这是我的禀性，也是我的正业。"在对财富的强烈渴望的驱动之下，里根最终拥有了难以计数的财富。

皮克·菲尔博士在《气场》一书中提到这个故事。

我们在课堂上设置了一些特别奏效的小游戏，比如猜纸牌。学员们凝神静气，注意力高度集中，从准备好的纸牌中选出自己最想要的那个数字。让人奇怪的是，超过40%的人总能选到心中想要的那个数字。

也许你认为这是运气？不，电影《倒霉爱神》中的曼哈顿女孩艾什莉会告诉你，这不是运气，而是你的气场在起作用。艾什莉大学刚毕业，就在一家著名的公关公司谋得了项目经理的好职位；在她逛街时，随便抽张彩票就能中头奖；想叫计程车时，眼前就会及时地停过来一辆。对她而言，工作与生活一路绿灯，简直随顺惬意得难以置

信，而这些都源于她的内心总有一股关于好运气的渴望！她正确地启动了向往好生活的按钮，于是在她努力工作时，好运气真的源源不断地回报给她。

这是真的吗？渴望所带来的气场真的如此神奇吗？只要我们对财富有着强烈的渴望，财富真的会像苹果一样砸在我们的头上吗？

没错，财富气场能够对财富产生强大的吸引力，这来自于对财富的渴望。当你如饥似渴地渴望财富时，你身上便散发出财富的气场，但财富气场绝不会以这种超自然的形式发生作用，而会以另一种合乎逻辑的方式给你带来财富。

2008年3月6日，美国《福布斯》杂志公司公布了全球富豪排名，"股神"巴菲特取代比尔·盖茨，登上了被比尔·盖茨占据长达13年之久的世界首富宝座。巴菲特身上的财富气场并不是来自于他已经拥有的巨额财富，而是来自于他对财富的渴望。当他还是个孩子的时候，他就已经表现出了对财富的强烈饥渴，正是这种饥渴，让他拥有了强大的财富气场。

1945年，巴菲特上高中的时候，华盛顿的街上流行弹子球游戏。当时的巴菲特和他的好朋友唐纳德·丹利都特别迷恋这种游戏，每次放学的时候总会去过过瘾。上高年级的时候，巴菲特用自己的积蓄买了一台旧的弹子球游戏机。虽然机子老出问题，但是巴菲特总是能在最快的时间里将它修好。

后来，"财迷心窍"的巴菲特想，既然这个东西这么受欢迎，那可不可以利用这种游戏机去赚别人的钱呢？经过观察，巴菲特发现有

些理发店里排队理发的人特别多，在等待的时间里顾客们没事可做，百无聊赖。有些人等了一会儿，看到理发师实在太忙就转身走了，还有些人远远地看到理发店的人多，干脆就不进来了。这对于理发店老板来说绝对是一种损失。于是，巴菲特就与理发店老板商量利用弹子球机在理发店赚钱，以实现共同赚钱的双赢。后来这位理发店老板回忆起巴菲特时说："难以想象我这位小小年纪的朋友是怎么想到这么一个令人称绝的办法的，他就像是一位天生的商人一样，总是让我羡慕万分……"

达成共识后，巴菲特又去跟其他理发店的老板谈，条件是巴菲特负责出机子，收益要五五分成。结果，理发店的老板没有一个不赞成的。事情进展得十分顺利，这项计划实施后的第一天他们就赚了14美元。在接下来的三个月的时间里，他们在三家理发店里成功地安置了弹子球机。

随着弹子球生意在理发店里越来越火，其他理发店的老板也看上了巴菲特这个有生意头脑的小家伙。他们纷纷向巴菲特发出邀请，想与他合作，只要是能吸引顾客，利润甚至可以降低到四六分或者三七分。这样，没过多久，巴菲特的生意就扩大到了七家。随着弹子球机规模的扩大，为了更高效地处理事务，巴菲特和丹利也开始明确分工——巴菲特负责筹措资金买游戏机，丹利负责维修。

就这样，两个十来岁的孩子像模像样地当起了小老板。巴菲特还给他们的小生意注册了一个公司，名字就叫威尔森角子机公司。他们每个月最少能赚到200美元，这对还在上高中的两个小家伙来讲，是一

笔非常可观的收入。

"那时候，我都不敢相信自己能赚到那么多钱，即使我一直都想赚很多钱。丹利是我的好朋友，也是一位很好的合作伙伴。我的高中生活一直在一种快乐而忙碌的气氛中度过。"巴菲特对自己的这段高中时光印象深刻。

富人就是这样的一类人，他们骨子里就深信自己天生不是做穷人的，而要成为富人，他们有强烈的赚钱意识，正因为有这种意识，所以他们会想尽一切办法使自己富有。富人的意识、理念、信心、行动都昭示一种卓尔不凡的能力，他们把这种能力付诸行动，在身体力行中对财富形成了强大的吸引力，这种吸引力使财富逐渐靠近他们，财富气场也在他们的身上发挥了影响力——这就是富人的秘密：富人吸引财富来到他们身边，因而成为富人。

这就是财富气场的真正运作方式。对财富的渴望能让你想尽一切办法使自己致富，使你拥有发现致富机遇的洞察力。

总有人抱怨没有成功的机遇，其实机遇就在我们身边。一台小小的弹子球机和一家普通的理发店里都蕴涵着不小的商机，但为什么只有巴菲特发现并加以利用，而大多数人却视而不见，任由机会从手中溜走呢？这是因为巴菲特把"追求财富"作为自己最重要的信念烙在脑子里，他对财富的渴求所激发的财富气场像磁铁一样吸引着每一个致富的机遇。

所以，不要抱怨机遇不来光顾你，或许只是因为你对财富的饥渴不够强烈。

点燃你心中的财富欲望

欲望是迈向成功的第一步。有了赚钱的欲望才能唤醒创富的潜意识，才会有实现梦想的目标和行动。心中常存赚钱的欲望，找到自己贫穷的原因，然后开始行动起来，决不能因暂时的挫折而裹足不前。只要做到这一条，总有一天你会实现自己的人生梦想，因为既然赚钱是实现人生梦想的有效途径，那么持久的赚钱欲望就是我们自己成功创富永不枯竭的动力。

赚钱的欲望很重要，心中常存想要富有的欲望，行动上便会有足够的自信心。如果再加上必胜的决心和毅力，就一定能得到你所渴望的财富。

一般人对"欲"这个字都没有什么好的印象，总会马上联想到"贪欲"和"淫欲"来，视之为肮脏不堪的东西。尤其在东方人的眼中更是认为欲望是罪恶的根源，只有根除欲望，从欲望中解脱出来，才能达到人类应有的最高境界。

这种观念有它一定的道理，但如果把它看得过于狭窄，不能正确掌握欲望的本质，那是很不幸的。因为欲望的本质并不污秽，也并非什么罪恶的根源，其实欲望是人生命力的表现，就好像能发动轮船的蒸汽机一样，如果把这个也当作是恶而加以泯灭的话，那就如同使船停止运行一样，那会毁掉了自己的人生。

创富密码

自古以来的圣贤们所教导人们的禁欲，只是要使人能更坚强地生活，绝不是要否定生命的各种欲望。但是，后人往往只接受其表面的道理，而歪曲了前人对欲望的原有看法，这导致他们的一生都活在痛苦中。其实，欲望本来的形象应该是一种生命力的表现，它本身并没有善恶之分，但是我们可以视之为一种力量。这种力量在善恶出现之前，就存在于我们的身体里。

　　这才是欲望的本质和真谛，它是生命力的表现。生命力是人能生活下去的根源，也是宇宙根源所赋予的，所以可以说欲望也是上天赋予的。因此对于宇宙根源所赋予的欲望须大大感谢才对，而不是去憎恨它。只是应该注意它在善恶之前就已经存在，因而有可能变为善，也有可能变成恶，全在于人怎样运用。就好像我们拥有蒸汽机，你要做的不是限制蒸汽机，而是掌握好蒸汽机的原理。

　　许多教人们如何发财致富的书总是不厌其烦地讲述赚钱的学问和窍门，甚至大肆吹嘘这些方法有多么神奇，似乎很少有人告诉你要发财必须先有强烈的欲望。

　　美国纽约医学院精神病学教授山姆·詹纳斯，曾对数百名百万富翁进行调查，结果发现这些白手起家的富翁们在某些性格上均有共性，于是他认为任何人只要能够培养出这种"通性"，就可以赚到大钱。

　　他概括出来的这种"通性"包括三个方面：

　　第一，你必须对金钱充满浓厚的兴趣，甚至成为一种强烈的欲望；

第二，必须全心全意为工作卖力，在上班时间内做到精力集中，这样才能高效。

第三，必须要有极大的忍耐性和坚毅精神，不因工作上所遇到的挫折而气馁，永远坚持自己的信念和合理的欲望。

如果你对某种东西的渴望足够强烈，就不必担心无法集中精力了，你的大脑自然会像蜂蜜渴望花蜜一样对它朝思暮想，把最想要的东西装进大脑，坚定不移地相信梦想终会变为现实。

需要强调的是，要始终坚信你会如愿以偿。作为万物思想的一部分，头脑享有自然的一切力量。造物主就在你的心中，随时为你服务。你的思想对欲望的反应程度取决于你坚定信念的程度。你对它有多忠诚，它就对你有多忠诚。

那些住在豪华别墅的人，那些乘豪华游轮周游世界的人，那些动辄投资上亿的人，大都早已将努力的方向锁定于某一个目标，他们的头脑目标清晰，所做的一切都只为达到这一目标。

多数人像沿着一条车轨慢跑一样，过着枯燥乏味的生活，在一成不变的日常生活中打发自己的人生，勉强地维持生计。他们没有明确的目标，只是稀里糊涂地幻想财富有一天会从天而降，但财富从来不开这种玩笑。车轨与坟墓的区别仅仅在于深度的不同，你从早到晚忙碌地挣钱买面包，以使你有力气第二天接着忙碌，再接着挣买第三天面包的钱。每天除了寻找食物，除了为生计奔波，就再没有时间做其他的事情。

然而在欲望得到满足之前，首先要把它深深地烙在潜意识里。仅

仅停留在意识里的欲望几乎不能让你获得什么有用的东西，它就像白日梦一样在你的脑海里闪过。你的欲望必须是清晰的、执着的、专注存在你的潜意识里。不必对帮助你实现愿望的方法感到厌烦，你可以安全地将它保存在潜意识里。如果你目标已经清晰，如果你已经将坚定的信念印在潜意识里，那就可以放心去寻找实现理想的途径了。

想要幸福不必等到明天、明年或是来世，不必依靠死亡来求得解脱。"天堂就在你心中"，这并不意味着幸福只存在于天堂、某个星球或者来世，而是存在于现在。得到幸福的机会无处不在、唾手可得。打开生命之门，你就会发现那里存在着无价之宝——人能够支配世界的思想。有了这种思想和信念，你就可以去做一切等着你做的事情，这不仅能让自己快乐，还能够使他人开心。

找到你最强烈的欲望并将它引入脑海，就已经打开机遇之门了，记住在这个我试图展现给你的新世界里，机遇之门永远对你敞开。因此保持一种包容一切的姿态，不断地去接纳新事物。

对生命法则的领悟能使你平息一切纷争。相信你享有上天的恩赐，在生活中扮演你希望扮演的角色，扮演健康者、成功者、幸福者。用你所拥有的东西去表演，那么你将把信念带入潜意识里，一切珍贵、完美的礼物都将属于你。

在你的头脑里牢记健康、兴旺和幸福，那么在某一个美好的清晨里醒来，你会发现你是健康的、兴旺的、幸福的，你一生中最大的愿望得以实现了。

欲望赋予获取财富的力量

如果有一枚能让人梦想成真的神奇戒指，那么你最想实现什么愿望呢？是获得荣誉？是一夜成名？是拥有财富？是得到真爱？不管是什么，只要目标确定，就能够得到。但是，首先最重要、最基本的就是要知道这唯一确定的目标是什么，在满足内心的欲望之前必须将思想集中到这一目标上。

这似乎有些矛盾，但许多人的确不了解自己的需要。大多数人在别人的劝诫中苦苦生活，就像《大卫·科波菲尔》中米考伯那样幻想着会有奇迹出现。他们努力奋斗着，却忘记了奋斗的目标。就像溺水者用了比游泳者多出好几倍的力量，却只是浪费在毫无目标的挣扎上。没有思考和方向，一切只是徒劳。

在你能够实现愿望之前，先要了解愿望是什么。

在思想的王国里一切力量都是实实在在的，你可以立即拥有你想要的。但是你得去弄清，才能真的拥有，这是必须要做的。精明的头脑将超越一切束缚给你带来力量，你所需要的是一个真正强烈的欲望——健康、快乐或是事业一帆风顺。

这似乎有些不真实，那么我们再来看看我们在上面讨论的问题。"人生来就不满足于现状"这句话是世人取得一切成就的动力，而你已经被这句话所感染，否则你就不会一直将本书看到此处。你的内心

创富密码

在渴求更好的东西，"正当的需求和渴望是神圣的，它们即将得到满足"。当你厌倦了忧愁和烦闷，厌倦了枯燥乏味的日常琐事和毫无目标的日复一日为了糊口的工作时，厌倦了时常光顾自己的小灾小病，在内心深处总有"使你无法平静的某种东西"催促你改变现状。同样的"某种东西"促使哥伦布穿越大西洋，促使爱迪生由一个小列车员成长为19世纪最伟大的发明家，促使汉尼拔翻越阿尔卑斯山，促使亨利·福特由一个40岁的贫穷技工在60多岁时成为世界上最富有的人之一。

你内心的"某种东西"是潜意识里的自己，是万物思想中的那一部分，是你精灵一般的头脑，我们可以将之称为"雄心壮志"。"人是幸运的，"阿瑟·布里斯贝恩说，"人的一生都被雄心套住并受其驱使。"

驱动生命的列车是雄心壮志的职责，使它保持活力并不停地运转则是你的责任。如果你无所事事，缺乏激情，裹足不前，就别指望获得成功。在大好的青春年华里，你将一事无成。有些人注定要在20年后成为伟大人物，而那时我们大多数人仍然是无名之辈，因为他们的雄心壮志还在驾驶着生命的列车穿越严寒和酷暑。

假如你的人生道路上充满了失望，梦想总是破灭，假如关键时刻你的雄心变得迟钝，请记住没有任何阻碍是无法逾越的，没有任何困难无法解决。只要学会利用隐藏在意识里10%的能量和剩下的90%保留在潜意识里的力量，你将能够战胜一切困难。请记住即使走投无路，即使到了山穷水尽的地步，思想也能挽救一切。

每一种窘困的境况都只因缺乏某种东西。你知道黑暗并不真实存在，只不过缺少光明，只要打开灯，黑暗立即消失得无影无踪。同样贫穷只因缺乏必要的供应，只要找到挣钱的途径就能挣得财富。疾病只因缺少健康，如果你身体强壮，疾病就无法上身。这就是医生和护士毫不畏惧地随意与病人打交道，而患病的概率却比普通人低得多的原因。

学会了如何运用思想，你就能心想事成。"我可以肯定地说，人可以做自己想做的事，成为自己想做的人。"法恩·斯沃斯在《实用心理学》中这样写道。尽管表述的方式成千上万，但世界上所有的心理学家都很赞同这样一种思想。

查尔斯·W. 密尔斯说："是欲望而不是意志统治世界。"但是你会说："我的一生中曾有过许许多多的欲望，我做梦都想发财，但是我始终没能发财，我有发财的想法了，为什么还是没能发财呢？"

答案就在于你从来没有将所有的需求集中到一个占有主导地位的欲望上，你有许许多多的小愿望，变得富有和履行责任、有影响力的职位或是周游世界等等愿望。过多、过杂的愿望之间产生了冲突，结果你连一个愿望都没能实现。你缺乏的是一个强烈的欲望，在其他一切需求之上的欲望。

欲望产生与存在的目的就是为了通知人在某个特定时期有何需求，以满足人生对变化与进步的不断追求。要想实现这一目的，欲望需要发挥自己的两大功能：第一，为身体机制的各种力量提供一个明确的奋斗目标；第二，激发体内那些能为这一目标的实现做出贡献的

力量或器官。在行使第一个功能的过程中，欲望不仅促进了体内各种力量行动的一致性，而且促使它们团结起来，齐心协力为实现共同的目标而奋斗。因此也就不难明白为什么一个人的愿望如果强烈而且坚持不懈的话，就极有可能会实现。

欲望是创造和获得财富的起点，它是整个旅程的第一步，从抽象到具体，再到制订计划所需的想象力，没有欲望就没有一切。

如果我们可以发动全身的每一个元素、每一种力量为实现某一个目标而奋斗，那么就几乎可以肯定我们一定会成功。实际上应该是百分之百的肯定，除非我们想要的东西就目前情况而言根本不是我们力所能及的。如果发生这种情况，就说明我们以前出现了判断失误，居然允许自己追求我们生存范围之外的东西，因为像这样的东西即使得到了，与我们而言也是一无用处。

人一旦到了明白金钱的重要性，都会希望得到它，然而只是希望并不能使你变富有。相反只有怀抱创富的强烈欲望，制订明确的计划，并以不服输的精神坚持到最后，才能最终获得财富。

把追求财富的欲望变成金钱的方法，可以按照下面几个步骤走：

第一步：只对自己说"我想要好多好多钱"是模糊的目标，要在脑子里设想一下自己想得到多少金钱，要说出一个确切的数字，比如1000万。（这种确定性有其心理学上的道理，这个问题将在下一章讲到。）

第二步：明确自己能付出多大努力，去换取想要的财富。

第三步：确定得到梦想中金钱的日期。

第四步：制订一个实现梦想的明确计划，然后不论是否做好准备都立刻开始执行。

第五步：列一份具体的清单，写下你想得到的金钱数额、得到这笔钱打算用多久、需要付出什么样的代价，以及积累这笔财富的明确计划。

第六步：每天把这份清单读两遍，睡觉前读一遍，早晨起来读一遍。读的时候让自己看到、感觉并且相信自己已经拥有了那笔财富。

按照以上六个步骤行事非常重要，其中第六个步骤尤其重要。你可能会抱怨说如果没有实际拥有财富，根本不会想象到自己已经有了钱。如果你真有得到钱的欲望，它是你挥之不去的梦想，那么你就会真的认为自己能拥有那样的财富。我们目的是让你感觉到，你想得到钱，并让你坚定地相信你一定会得到。

按照这些指示，你就能以充分的自信，直接将欲望目标传递到潜意识。不断重复这一过程，你就会自动形成化欲望为金钱对等物的意念习惯，你就能自觉地形成一种习惯，认定欲望能转化为相应的财富。你就能感受到任何我们可以欣赏、利用的在我们目前生存范围之内的东西，我们就有那个能力去实现。也就是说只要我们可以发动全部的力量为之奋斗，就一定可以得到它；而如果我们极度渴望某物的话，就一定可以促使全身的力量行动起来，向着这个目标而不懈努力。

使用自我暗示原则的能力，在很大程度上取决于你能否专注于已有的欲望，直到你为它魂牵梦绕。

对所有的新观念持怀疑态度是人的天性，但是如果遵循上述指示，你的怀疑将很快被信念所取代，进而转化成绝对的自信。这时你就会真心相信"我是命运的主宰、心灵的统帅"。

很多哲学家曾说过，人是自己命运的主宰者，但他们大多没有说明为什么人是自己的主宰。本章透彻地说明了人之所以能主宰自己，是人生定位，尤其是经济地位的原因。人可以成为自己的主宰，成为自己所在环境的主宰，是因为人具有影响自己潜意识的力量。

将欲望转化为金钱的实际过程中，自我暗示能够发挥巨大的作用。自我暗示是一种媒介，通过它可以触及并影响潜意识。其他原则只不过是运用自我暗示原则的工具。记住这一点，那么不论何时你都能注意到，在你运用本书中的方法努力积累财富时，自我暗示原则所起的重要作用。

只有具备了"财富意识"，你才能积累大量财富。所谓的"财富意识"就是一个人对金钱的欲望强烈，甚至到了能看到自己已经得到了那些金钱的程度。

欲望的第一大功能是将身体机制的各种力量团结起来，激励它们为某一特定的目标努力。欲望的第二大功能是直接进入某些特定的器官或力量，因为这些器官或力量与我们要实现的目标直接相关，如果可以充分发挥它们的作用，一定可以实现我们的目标。第一大功能是对整个身体机制而言的，为整个身体机制各环节指明了前进的目标与方向，并且使其成为唯一的目标与方向。第二大功能则具有很强的针对性，只针对身体机制的某些特定元素，也就是与目标实现紧密相关

的某些元素。欲望的作用就是激发这些元素的最大能量。

因此要记住大声朗读你的欲望时（你在努力通过朗读培养自己的"金钱意识"），只念那些字是没有用的，还要在念的时候融入自己的情感或情绪，认真体会每个字的意思。如果不加入感情和信念，即使你将埃米尔·库埃那句"每天每个方面我的生活都正在好转"的名言读上100万遍，也不会实现任何目标。人的潜意识只会接受那些融合了感情的想法。

这一点的确非常重要，所以有必要在几乎每一章中都重复提到，因为大多数人正是缺乏对这一点的了解，所以在利用自我暗示原理的时候始终达不到本书所说的效果。

即便在第一次尝试时无法成功地控制、指挥你的情绪，也别放弃，记住天下没有免费的午餐，不劳而获是不可能的。你不能欺骗自己，当然也许你很想这样做。想获得影响潜意识的能力，其代价是坚持不懈地应用在此提到的原则。付出很小的代价，不可能得到你想获得的财富。只有你来决定为之奋斗的目标，是否值得你为之辛苦地付出。

要获得触及并影响潜意识的能力需要付出一定的代价，自欺欺人是不可取的，即使你很想这么做也绝对不能这么做。要获得这种能力就必须持之本书所讲到的原则。实现美梦就要付出巨大的代价。

单靠聪明吸引并留住财富的例子几乎没有，这里所讲述的招财之法不是常规的方法，也不存在任何偏颇。如果说这种方法对一个人有用，那么对所有人都有用。要是失败了，那也不是方法的问题，而是

人的问题。如果一次失败了，那就再努力试一次，直到成功为止。

例如，一个人老觉得自己挣的钱不够花，很自然他希望自己能挣更多的钱。我们假定他这种想挣钱的欲望越来越强烈，那么体内的每一粒原子都会亢奋和有力。那么他不仅成功唤醒了体内潜存的相当大一部分处在休眠状态的能量，而且使体内原本活跃的能量变得更加活跃。但这些能量又怎么样了呢？这些能量直接涌入你的大脑里的挣钱意识里，使得大脑中的挣钱意识更加强烈，这无疑就能激发人的赚钱思路。在每个人的头脑中都有那么一组器官负责个人的财务状态，不过有些人的器官生的较小而且相当懒散，而有些人的器官则相当发达而且非常活跃。自然后一种人，也就是财务器官发达的人能比前一种人挣更多的钱，积累更多的财富。

但是能不能能让这些小而懒散的器官发达活跃起来呢？如果有的话，现在那些生活拮据的人，有一天也可能会发财。要想回答这一个问题，我们得先问问什么可以让人体器官更加发达和活跃，答案是需要更多的能量。

不管一个器官有多么懒惰，一旦为高度兴奋的能量所控制就会愈来愈活跃。不管一个器官有多么不发达，如果可以不断地吸收新的生命、能量与力量，那么日积月累下来最终一定会发达起来。器官越发达活跃，就越可以更好地执行工作，也就是说随着器官能力与力量的不断增强，终有一天可以实现我们的目标。

再回到我们的例子上来看看这个原理是怎样起作用的，一个人掌管财务的器官太不发达，而且太懒散了，因而他挣的钱少。他开始希

望自己可以挣更多的钱，他想挣钱的欲望愈来愈强烈，终于激发起他掌管财务的器官的全部力量，让器官内所有的元素都活跃了起来；在这儿要记住的一点是，任何欲望的力量都是直接涌入可以使欲望本身得到满足的器官，这是思想活动的一大定律。

不仅如此，欲望力量的活动还激发了身体机制的其他各种力量，使得挣钱的思想支配了体内所有的力量。起初除了他本人变得越来越自信，相信自己有能力挣更多的钱外，没发现他理财能力有什么明显的变化。然而过了一段时间，他开始对如何推进自己的工作有了一些新的想法，思想开始更加关注如何才能挣钱。与此相对应，关于如何才能拓展自己的事业增加收入的想法，也就会层出不穷。掌管财务的器官本身也开始发生变化，变得愈来愈发达，愈来愈敏锐，以至于他整个人对财务问题的洞察力也开始逐步提高。因此他已经使自己逐步具备了提高收入的必备条件，很快就可以财源滚滚。

简单地说他想挣更多的钱，强烈而迫切的欲望成功激发了身体管理财务的器官，使这些器官变得越来越强大和活跃以及高效。一个强大而敏锐的器官其工作效率，要比处在休眠状态时高出很多，因此我们也就明白了他想挣钱的欲望是如何让他有能力挣更多钱的。

很多人可能会怀疑这个方法的有效性，因为我们大多数人都希望自己能挣更多的钱，但却并不是每一个人都可以做到这一点。但是这些人想挣钱的欲望是不是足够强烈呢？偶然的、不能够坚持的愿望是不能实现的。只有那些迫切的欲望，那些不仅持久而且倾注了我们身体、思想和灵魂的全部力量的迫切欲望，才能最终实现。

不能坚持的欲望，其力量作用到某一特定器官上，并不能激发这一器官进入完全活跃的状态，更不能统领身体机制的其他力量为实现共同的欲望而奋斗。而事实上大多数人的欲望既不长久也称不上强烈，属于很浅、不能坚持的欲望，甚至不能让身体里的一个原子活跃起来。

我们还要知道，并不是仅发挥一种力量的作用就可以得到我们想要的结果。迫切的欲望有时候可能会创造奇迹，但是一般说来还需要与身体机制的其他各力量共同努力。然而欲望的力量，是身体机制各力量中最伟大的力量之一。充分发挥欲望力量的作用，将欲望力量与我们的最佳才能结合起来就一定可以得到我们想要的东西。

第二章
财富的秘密

从创富心理学的角度来讲，一个人心中的主要思想就是财富，只有一个人心中只拥有财富，而没有其他想法的时候，他们的创富就会变得更加的简单。不论我们有没有察觉到这一点，在一种无形的过程中，我们的财富就会增值，正是这些占据了那些一心想致富的人们的思想。

创富的哲学

如果一个人在能力范围之内获取了想要的一切，那么他就是富有的，要是有足够的财富，很可能拥有想要的一切。人类生活进步得如此之快，变化如此复杂，即便是最普通的人也要先积累大笔财富，才能过上不必担心和忧虑的生活。每个人都希望实现自己的梦想，这是人之常情。所谓成功，就是指一个人实现了梦想，成为一个自己希望的人。只有让万物为你所用，你的梦想才能实现，也只有拥有足够的财富你才能购买并自由地使用那些物品。所以，要实现梦想，掌握创富法则是必不可少的。

获取财富的法宝或可称为"富裕法则"，它的核心思想是相信我们与宇宙的创造者有着不可分割的关联。如果我们充分理解了这种关联，我们就不会再有贫困。如果不能理解这种关联，我们就会觉得自己背离了造物主赋予的神奇能量，更会感到自己孤立无援。

在这里你可以拥有如下的创富法则：

1.了解小钱的威力。很多人都认为投资得有一大笔钱才行，但是富翁的钱也是一点一滴积累起来的，他们刚刚开始创业的时候并没有多少钱。

2.期望什么，才能获得什么。

3.有追求才能获取成功。

4.让财富流通，才会拥有财富。钱多并不是关键，财富众多的人并不看存折有多少钱，而是看怎么才能让里面的钱高效地运转起来。

5.财务自由的准备。你现在节约下来的每一元钱，都是你将来的财务自由的基础。节省也许收不到一时之效，但是长期的节省却能让两个财富相同的家庭在十年之后有着巨大的差距。

6.买公司股票代替买产品。对美国有钱人做的一项调查表明，他们会把全部收入的30%左右拿去投资，虽然这些投资并不一定能够全部盈利，但是这种持续不断的长期投资却是让他们成为富人的原因之一。

7.康复的力量就潜藏在你的身上。有的人，他们所有的雄心、梦想和抱负，全部付诸东流，一败涂地；有的人虽然也成功了，但却付出残酷的代价，成功实属不易；还有的人，似乎是轻而易举地就获取了财富、权力，毫不费力地实现了自己的雄心壮志。为什么会出现这样的情况呢？其原因显然不在于人是否强壮，否则那些伟人们一定是体格最健壮的人了，所以差异必定是精神上的——人的心智。创造力全在于人的内心，心智的不同是人与人之间的唯一差异。正是心智使我们能超越环境、战胜困难和艰难。

如果我们把自己的大脑钳制在套子中，认定自己在这个世界上不过是一个小人物，就算世界少了自己也没什么，总认为自己是微不足道的，认为我们的世界不可能有富足和创造力这样的故事，这种东西只奇迹般地属于那极少数的上帝的宠儿，那么我们可能永远地失去了享用命中本该拥有的财富的机会。

一旦抱有贫穷的念头，你就会给人以贫穷的印象，财富自然会远远地离你而去。因为认为美好事物是少数人的专利，大多数人都有的这种错误认识究竟来自哪里呢？它来源于一种悲观的假设。这种假设误以为有利的资源只会被少数的幸运者得到，误以为富裕和成功不可能公平地降临到每个人头上，以为头脑最聪明、深谋远虑、身体强健的人，会比其他人有利、会获得多一些。对人类个体、种族的进化和发展来说，这个理论的危害极大。

　　重要的是只要你有致富的意识，你才能够培养起致富的性格，并通过你身上所具备的性格特点将自己的工作和努力转化为财富。在这些特点当中，有些令人钦佩——勇气、坚韧、创造性、才智、信心，有些则是我们坚决不能有的，例如以自我为中心、冷酷无情、优越感、粗鲁无礼等。富人向我们展示的道路是如何获得金钱，但不是如何做一个为人所不齿的人。但我们的创富心理学所提倡的是不仅要追求金钱，还要追求做一个让人尊敬的人，还要追求幸福。

　　我们在渴望积累财富的时候，应该记住这个世界上的真正领导者就是这样一些人：他们能够发现尚未出现的机会中，蕴藏着的无限的力量，并能把这些力量运用到实践当中，或者说是把这些力量转化成了新的思想、新的行为方式、新的领导者、新的发明、新的教学方法、新的营销模式、新的书籍、新的文学、新的电视特色以及新的电影创意，最后又能将这些发现转化为实物：摩天大厦、城市、工厂、机场、汽车、书籍、电影等，给人们提供方便，最终使人们的生活更加方便和舒适。

第二章　财富的秘密

一艘捕鲸船驶回了新贝特福德港口。由于鲸鱼不断被捕杀，现在几近灭绝，许多港口失去了往日的兴旺。人们提高警惕，以防会陷入某种物资极度匮乏的境地。我们曾经认为地下的石油是足够丰富的自然资源，而当我们开始怀疑这种能源会不会被开采殆尽时，科学家们发明出了电灯。

科学家们始终在为人类开发、发掘取之不尽的资源，包括牛顿这样的伟大科学家也是如此。热能、电能的合理开发和使用，为人类探寻新能源提供了更多的机会和可能性。

食品方面也不例外。许多农民有着丰富的种地经验，但仍然认为自己在农耕方面还是相当的外行。尽管随着科技在农业中的广泛应用，使得农作物的亩产量不断提高，但农业的整体发展仍然有提高的可能性。人们对能从空气中获得多少氮、应该怎样培育土壤等，仍然有可以提高的地方。

继承有丰厚遗产的人不应为日常工作生计操心，人们不应该过分担心自己不能维持生计，王子不应像掉进狼群的小羊那样无助和恐惧，或因为某些欲求不能实现而苦闷担忧。因为解决温饱问题在当今社会是很简单的，我只需思考如何能致富，如何能过得更好。

世间建筑材料很充足，可以保障每个人都能住上像铁路大亨范德比尔特或国际金融之父、欧洲银行世擘罗斯柴尔德那样的豪宅。人们理所当然地应该享有幸福和富足，应该得到足够的物品。我们应该意识到，我们的自身力量来源于希望富足的念头，还要有尽可能去利用那些资源的念头。

创富密码

我以为应该讲明这一论点。我不仅要向你们灌输你们应该富有，而且我应该告诉你们如何才能使自己变得富有。有些人对富人之所以持有偏见，主要是因为他们中的少数人。这少数素质不高的富人，做了一些为富不仁或让人不齿的事，一经媒体报道，就会引起轩然大波。而看到这些报道的人，很容易以偏概全，认为富人都不是好东西。人们之所以编造洛克菲勒先生的谎言，无非是因为他拥有巨额的财产。许多有关他的报道都是不实的，但却有很多人相信这些不实的报道。许多报纸企图以耸人听闻的报道来扩大销路，让我们无法判断哪些报道才是真实的。他们对富人所作的不实报道是很可怕的，要把这件事搞清楚，最好的办法莫过于看看目前报纸对费城所作的报道。

为什么安德鲁·卡内基先生遭到了如此严厉的批评？因为他所拥有的远比我们多。如果某人知道的比我多，我难道会轻易坐着而不去批评他那比我多出来的东西吗？如果某人站在讲坛上向数千人传道，而在我的课堂只有15人，而且他们全都睡着了，我会不去诋毁那个演讲者吗？我们通常都是针对超越我们的人采取这种行动。你只有5美分，觉得批评那个拥有1亿美元的人是很正常和解恨的。这就是明显的对比，也是贫富之间心态的对比。

一位大富翁对我说："报纸上那些有关我家族的不实报道，你看到了吗？"

"当然看到了。我一看就知道那些报道全是谎话。"

"他们为什么要这样撒谎呢？"

"嗯，"我对他说，"如果你开张1亿美元的支票给我，我可以把

这些谎言随着这张支票一起带走。"

"哦，"他说，"他们这样诋毁我们家族，我实在看不出是什么原因。请你坦诚地告诉我，他们对我有什么看法？"

"好吧，那我就告诉你，他们认为你是这个世界上有史以心最黑的坏蛋！"

"我该怎么办呢？"他对此一筹莫展了，因为他确实是一个虔诚的基督徒。如果你有了1亿美元，那些跟你有关的谎言也将同时伴随着你，你可以从那些有关于你的谎言中判断出你成功的程度。

如果你已经打算好要自己获得一份财富，我的建议是你最好学一点创富心理学，因为在这个过程中你能够树立起致富的信心，使你在致富的过程中不受任何人的影响，甚至不怕别人嘲笑你为"梦想家"。要想在这个一支充满变化和未知的社会上成为胜者，就要拥有自己独特的思想，学会开拓创新。只要拥有了属于自己的创富心理学，才能形成一套完整的致富哲学，然后才能开拓出一条崭新的道路，才能挖掘出致富的宝藏。

创富密码

思想造就财富

从创富心理学的角度来讲，一个人心中的主要思想就是财富，只有一个人心中只拥有财富，而没有其他想法的时候，他们的创富就会变得更加的简单。不论我们有没有察觉到这一点，在一种无形的过程中，我们的财富就会增值，正是这些占据了那些一心想致富的人们。

如果你想远离麻烦，那么就不要想无谓的事；如果你想成为富翁，那么就要拒绝与贫穷有关的念头。

托马斯·利普顿勋爵从25美分起家，最终富可敌国；有个叫哈里曼的年轻人，他的父亲是一个年薪只有200美元的穷职员，很显然父亲无法为哈里曼积累更多的财富；安德鲁·卡耐基全家刚刚来到美国时，由于经济窘迫，他的母亲不得不去打杂来养活一家人。这些人没有什么财富权势可以指望，但这并没有成为阻挡他们成功的障碍。很多亿万富翁是通过将精神力量理想化、视觉化、具体化而取得成功的。他们一遍又一遍地给自己描述自己理想中的样子，直到一闭上眼睛就仿佛能看见一样。

我想起了这样一个学生，他了解到只要心里清楚地描绘出想要的一切，就能通过创造性思考将事物的形象铭记在无形的本体之上。那时候他非常穷，只能住在小小的出租屋里艰难度日，根本不敢想象自己可以拥有多少财富。他想来想去，觉得自己可以提出一个合理的要

求，即在房间里铺一条新地毯，想在屋里装一个暖炉以抵抗严寒。在依照本书所述的原则行事后，没过几个月他就得到了这些东西。这个时候他才意识到自己可以要求更多。他环顾自己的房子，计划改进所有需要整修的地方。他想象着这儿可以加一扇窗户，那儿可以加一个房间，直到一座理想的房子呈现在了心中。然后他又开始计划怎样添加家具。

想象出理想房子的画面后，他开始依照特定的方式行事，朝着想要的一切前进。现在他已经拥有了那座房子，而且室内装潢都和他想象的一样。这时他又有了更大的信念，试图获得更美好的东西。既然他能靠信念得到想要的一切，那么我们有什么做不到的呢？

所以说财富是一种思想状态，思想开窍了就能打开致富之门，所以应该具有成为富翁的勇气，只有你具备了这种勇气才能激励自己去追求财富，才能对自己拥有财富的目标一次一次地提高，使精神充满财富意识。

财富不是判断一个人成功与否的标准，决定一个人真正成功的是要有比积聚财富更为高远的埋想。远大的理想要比任何财富都更有价值。

如果想让自己成为成功的人，首先应该树立一个让自己为之奋斗的理想，确定了理想的目标才知道该朝哪个方向努力。当心中有了这样一个理想，你就能找到实现理想的途径和方法，但需要注意一定不能错把方法当成目的，错把歧路当作终点。

"成功的人也是那些有着最高精神领悟能力的人，一切巨大的财

富都来源于这种超然而又真实的精神能量。"这是普仁提斯·马福尔德留给们的名言，但不幸的是有很多人不认识这种能量，因为他们没有一个具体的、固定的目标，没有理想的他们浑身都是力气却不知用在何处。

具有财富意识的人能吸引财富的到来，无法摆脱贫穷意识的人只能一直陷于贫穷之中。两者都是意识决定的结果，这已经在不同人身上应验了无数次。我们通过思想、言语和行动，为自己意识的实现铺平道路。"他的内心怎样思想，他的人为人就是怎样，"约伯说，"我所恐惧的事情，总会降临到我的身上。"意识或者说思想与信念，是人与现实世界联系的桥梁，我们借助于它才能找到各自的人生路径。

人类的生存动力有三种：身体、思想、精神，三者当中无所谓高低贵贱之分，因为每一项都值得人们追求，也都很重要，且相互影响。如果其中任何一项没得到充实与展现，那么剩下的两项也不会同样受到不良的影响。活着只重精神而轻身体或思想是不对的，而只重思想而轻身体或精神也是不对的。如果活着一味追求肉体的享乐，而不重视完善精神和思想的话，将会产生极为可怕的后果。只有身体、思想和精神三者均趋于完善，我们才能将自己的生活称之为真正的生活。不管怎么说如果一个人不能拥有强健的身心或丰富的思想，那么他就不可能获得真正的幸福和满足。只要有实现的可能性，或是尚未发挥的潜能存在，一个人就会产生未得到满足的欲望。有欲望就是要表达，而有能力就是要实现。

如果一个人的生存条件极差，而且工作又很累的话，那么身体将无法得到满足，所以生存条件和必要的休闲娱乐对身体的健康是很有必要的。

如果没有通过阅读和学习增加知识，没有外出旅行以增长见闻，没有可以相互交流的师友，那么一个人的思想将无法得到充实，思想就是贫乏的。一个人要想充实思想，必须避免上述情况的发生，且要努力将自己置身于可以欣赏的艺术作品以及其他的美好事物之中。

一个要想丰富精神，必须要内心充满爱，而贫穷则难以展现爱心。

能为所爱的人带来利益和舒适的生活条件才是最幸福的，爱最本质的表现方式便是甘愿付出。如果一个人不愿意去付出，那就不可能扮演好子女、爱人、父母、公民或"人"这些角色。只有通过物质，他才能达到身心的充实以及精神的升华。所以对所有人来说创富是极为最重要的。

现在这个社会，社会生活的各方面都在发生深刻的变化，没有充裕的物质条件，个体的心理就会受到伤害，所以我们应该具备努力赚钱的意识。然而一个真正健全的人，追求的应该是金钱的成功，而非恐惧、紧张、疾病与哀愁。这就是说我们在拥有金钱的同时还要拥有心境的宁静和应有的美德。唯有如此我们的生命才算完美，也只有这样才能不断地创造财富。

不管他们自己是否知道，所有在生活中创造了财富的人，其实都在使用这个方法。他们都在用富裕与丰饶的思想来思考致富，而绝不

创富密码

让和这个想法不一样的情况出现。

当然现实中的人都渴望机遇和财富，但他们常常存在着恐惧与疑虑，缺乏自信往往使得他们在不知情的时候就与财富和机遇擦肩而过了。

许多人的一辈子，既不成功也没有失败，说不上富裕但也不太贫穷。他们在穷困潦倒和小康的水平上来回摇摆，他们的思想时而积极、时而消极，因此他们的生活也如钟摆一样左右摇摆。

如果这些人还有一点勇气和希望，那么他们就能创造出一些东西，因为他们的思想还算积极。可是当他们没有了那些品质，满是担忧和怀疑时，他们就会变得消极和缺乏建设性与创造力，再次陷入贫困的境地。

只要我们让自己的思想时刻处于积极的状态，我们就会极富建设性与创造力，迎来美好的生活，我们的生活也会处处都美好。

第二章 财富的秘密

财富是你创造的

你想拥有财富吗？它们为你而创造，是你的。古代炼金术士用一生的时间企图将一些贱金属炼成金子，他们是从下往上努力和工作的，但力量却不按这种方式流动。你必须凌驾于你想的事物之上，然后开始行动，从高处到低处。

财富、健康、幸福、力量都会是你的，假如你用正确的方式朝它们努力，然后用你的信心和能力让它们在现实中展示出来。

通过创业你可以完善自我，所以将"创富"作为你的首要目标不仅是正确的，而且也是值得赞扬的。

本体渴望得到完善，而且其一切行动都是为了生命得以完善。因而在追求财富和完善生命时，不要做任何使生命遭受损失的事，因为所有生命对造物主来说都是平等的。

智慧本体会为你创造一切，但绝不会夺他人之物而给你。你要摆脱竞争的想法，你需要做的是创造，而不是与他们竞争已经存在的东西。不要跟人斤斤计较，不要从他人那里夺走任何东西，不要欺骗别人或占人便宜，不要去压榨员工，不要垂涎或贪图他人的财富。别人有的，你也会拥有，而且你也不可能夺走别人的财富。

大家都听说过希拉斯·菲尔德先生在退休的时候已经攒了一大笔钱，有了这笔钱，他可以安然地度过他的晚年，然而他却忽发奇想，

想在大西洋的海底铺设一条连接欧洲和美国的电缆。随后，他就开始全身心地推动这项事业。前期基础性的工作包括建造一条1000英里、从纽约到纽芬兰的电报线路。纽芬兰400英里长的电报线路要从人迹罕至的森林中穿过，所以，要完成这项工作不仅包括建一条电报线路，还包括建同样长的一条公路。此外，还包括穿越布雷顿角全岛共440英里长的线路，再加上铺设跨越圣劳伦斯海峡的电缆，整个工程十分浩大。

菲尔德使尽全身解数，总算从英国政府那里得到了资助。然而，他的方案在议会上遭到了强烈的反对，在上院仅以一票的优势获得多数通过。随后，菲尔德的铺设工作就开始了。电缆一头搁在停泊于塞巴斯托波尔港的英国旗舰"阿伽门农"号上，另一头放在美国海军新造的豪华护卫舰"尼亚加拉"号上。不过，就在电缆铺设到5英里的时候，它突然被卷到了机器里面，被弄断了。菲尔德不甘心，进行了第二次实验。在这次实验中，在铺设到200英里长的时候，电流突然中断了，船上的人们在甲板上焦急地踱来踱去。就在菲尔德先生即将命令割断电缆、放弃这次实验时，电流突然又神奇地出现，一如它神奇地消失一样。夜间，船以每小时4英里的速度缓缓航行，电缆的铺设也以每小时4英里的速度进行。这时，轮船突然发生了一次严重倾斜，制动器紧急制动，不巧又割断了电缆。

但菲尔德并不是一个容易放弃的人。他又订购了700英里的电缆，而且还聘请了一个专家，请他设计一台更好的机器，以完成这么长的铺设任务。后来，英美两国的科学家联手把机器赶制出来。最终，两

艘军舰在大西洋上会合了，电缆也接上了头；随后，两艘船继续航行，一艘驶向爱尔兰，另一艘驶向纽芬兰，结果他们都把电线用完了。两船分开不到3英里，电缆又断开了，再次接上后，两船继续航行。到了相隔8英里的时候，电流又没有了。电缆第三次接上后，铺了200英里，在距离"阿伽门农"号20英尺处又断开了，两艘船最后不得不返回到爱尔兰海岸。

参与此事的很多人都泄了气，公众舆论也对此流露出怀疑的态度，投资者也对这一项目没有了信心，不愿再投资。这时候，如果不是菲尔德先生，如果不是他百折不挠的精神，不是他天才的说服力，这一项目可能就此放弃了。菲尔德继续为此日夜操劳，甚至到了废寝忘食的地步，他决不甘心失败。于是，第三次尝试又开始了，这次总算一切顺利，全部电缆铺设完毕，而没有任何中断，几条消息也通过这条漫长的海底电缆发送了出去，一切似乎就要大功告成了，但突然电流又中断了。

这时候，除了菲尔德和他的一两个朋友外，几乎没有人不感到绝望。但菲尔德仍然坚持不懈地努力，他最终又找到了投资人，开始了新的尝试。他们买来了质量更好的电缆，这次执行铺设任务的是"大东方"号，他缓缓驶向大西洋，一路把电缆铺设下去。一切都很顺利，但最后在铺设横跨纽芬兰600英里电缆线路时，电缆突然又折断了，掉入了海底。他们打捞了几次，但都没有成功。于是，这项工作就耽搁了下来，而且一搁就是一年。

所有这一切困难都没有吓倒菲尔德。他又组建了一个新的公司，

创富密码

继续从事这项工作，而且制造出了一种性能远优于普通电缆的新型电缆。1866年7月13日，新的实验又开始了，并且顺利接通，发出了第一份横跨大西洋的电报！电报内容是："7月27日。我们晚上9点到达目的地，一切顺利。感谢上帝！电缆都铺好了，运行完全正常。希拉斯·菲尔德。"不久以后，原先那条落入海底的电缆被打捞上来了，重新接上，一直连到纽芬兰。现在，这两条电缆线路仍然在使用，而且再用几十年也不成问题。

人生就是这样，只要你还拥有这种信念，就会在道德上、精神上、行为准则上指导你，给你安慰，给你鼓舞，是你立于不败之地的力量源泉。我们能做什么，取决于我们是什么样的人；而我们是什么样的人，则取决于我们有着什么样的信念。因此，我们必须有意识地控制并引导内在的信念力量，使它更有效地为我们所用。

也许我们生活在一个并不完美的世界，但是成功并没有完全对我们关上大门，在我们内心的明灯的指引下，我们同样可以找到自己的人生坐标，走向人生中的最高巅峰……

你应该成为创造者，而不是竞争者。你会得到自己想要的一切，但当你以我们所说的这种方式取得成功后，你周围的人也将拥有更多。

你要能把自己最讨厌的变成最喜欢的、最喜欢的变成最讨厌的，那么我们到底能不能做到这一点呢？来看看下面这个实验就可知道。

安东尼·罗宾曾把自己的价值体系列出来，当他看到这些价值时，心想："这些价值观都是最棒的，我爱这些价值观，毕竟就是这

些观才让我有了今天的成就。"虽然他心里这么想，可却不时地提醒自己："价值观与我们之间并不是一个等号，它只是我们的一部分。我目前所持的这些价值观并非经过明智的选择，而此刻我只不过刚发现它们在心目中的排列地位，我必须仔细挑出哪些会带来快乐，哪些又会带来痛苦。如果我真想重新规划自己的人生，如果我真想建构出所期望价值观，那么必须采取哪些步骤呢？"

一、找出你现在所拥有的是哪些价值观，然后按照它们在你心目中的重要性排列出来。这个步骤可以让你知道自己最想得到的是什么。追求的价值观也可让你知道自己最想丢弃的是什么；避开的价值观，让你能够明白自己为何会有目前这种行为。这一步的练习对你是个大好的机会，因为当你知道了蕴藏于体内的"快乐和痛苦"，那么只要你愿意，就能够一直享有快乐的人生。

二、如果你抓住牛头上的角，那么就能控制牛的前进方向。同样的道理，如果你知道自己的价值观，就能够扭转命运。提问自己一个新的问题："如果我想得到期望的人生，那么我需要哪些价值观？它们应得到什么样的排列？"你要好好思考一下，把这些价值观仔细排列，针对你所期望的人生，去看看得丢弃哪些既有的价值观，又得增加哪些你所没有的东西。

这是个能判断你人生价值观的方法，要用心去练习。

财富需要流通

你想要拥有财富吗？那么就利用你手中的条件，不管你手中的东西是多么微不足道。加速自己的"流通速度"，就像商人们想方设法加快他们货物流通速度那样。在你手中的钱就好比是商人的货物，利用这些钱，快乐地消费和赚钱。

没有什么能比奉献更能让你的"速度"加快了，奉献你的时间、金钱、服务，奉献你拥有的一切。把你最想要的东西奉献出来，你想要的东西就会越来越多，因为上帝赐予你的天赋就是你播撒种子，然后收获更多，因为"一切事物的天性，就是不断增加"。

所罗门是他那个时代最富有的人，在他的书中记录了自己致富和成功的关键："有减少的，却也有增多的。有吝啬过度的，反会招来穷乏；好施舍者，必得富裕；温暖别人者，必被别人温暖。"

另外一个比所罗门更伟大的智者告诉我们："你们要给别人东西，别人就会给你们东西。所以当给别人时要用十足的升斗，连摇带按，倒给别人。因为你们用什么量器量给别人，别人也必用什么量器量给你们。"

我们有一项与生俱来的权利，如果不加以利用，我们就会彻底忘记我们还有这项权利。这是每个人都拥有的一笔价值连城的隐形财富。我们每个人都已拥有它，但很多人却你无法运用它。你只有通过

在现实生活中不断运用自然、精神和灵魂的法则，才能为它打开一扇通向你的大门。只有这样你才算真正掌握了它，人生的宏伟目标和蓝图不可能只凭运气实现。你所需要的就是培养自己拥有作为一个强有力的人、一个伟大之人的能力。千万不要把这种能力隐藏起来，一定要把它展示出来，让它发挥到最大的作用。如果你想成为一个伟大的人，就要发现自己的才能，然后对自己说："为了实现的我的人生目标，我会不计一切代价，一往无前，直到实现自己的目标为止。"

各行各业的人都在追求财富，财富是一种非常具体的、切实的东西，我们可以获得、拥有、享受它。但却不该忘了世界上所有的黄金，人均只有很少的几美元。其实黄金和一把刻度尺一样，也就是一个度量标准。有了一把尺子我们就可以度量很远的距离，同样有了一张5美元的钞票，数以亿计的人就可以使用它，使得它从一个人手里传到另一个手里。

因此我们只要把一件物品当作财富的符号，代替黄金去流通，每个人就能通过这件物品换来他所想要的一切物质，任何需要都会得到满足。这样匮乏的感觉就会离我们远去，不再对我们产生任何不好的影响。

很明显，我们要想从财富中得到好处，唯一的办法就是使它处于流通状态，让其他人从中受益。我们为了互惠互利而合作，将富裕的法则逐步形成推广，达到双赢的局面。

许多人以为把金钱紧紧地攥在手里就是拥有财富，这是典型的、早已过时的守财奴思想。其实让财富流通才是真正拥有财富的表现，

一旦有任何负面的行为对交易流通产生影响，就可能会出现流通停滞、后退，甚至崩盘。假如我们把财富囤积起来，而又被担心和恐慌控制以至于不能挣脱的时候，贫乏的感觉才会出现。因此，我们要想从财富中得到好处，唯一的办法就是使用它，而且必须让它流通，这样基于互惠互利的原则，人们开始互相合作，最终使人人都富裕起来。

海伦·威尔曼斯在《征服贫困》一书中对这一法则的实际运转给出了一段有趣的描述："人们几乎普遍都在追求金钱。这种追求仅仅来自贪婪的天赋，它的动作被局限在商界的竞争领域。它是一种纯粹的外部行动，其行为方式并不是源自于对内在生命的认知，而内在生命有其更美好、更正义、更精神化的渴望。它只是兽性在人的领域的延伸，任何力量都不可能把它提升到人类如今正在接近的神性层面。"

一个人的内心中的什么可以称之为天国呢？当我回答这个问题时，10个读者当中没有一个会相信我，绝大多数人对他们自己的内在财富完全缺乏认知。

我们内心里的天国就存在于人类大脑里的潜意识当中，这种潜能越来越丰富是任何人做梦也没有想到的。软弱无力的人，其肌体之内也同样潜藏着上帝的力量，但这些力量却一直封存着，直到他学会了相信它们的存在，才可能去试着利用它们。人们通常不喜欢反省，这就是他们为什么不富有的原因。在他们对自己以及自己的力量的看法中，他们被贫穷所困，这是不可取的。我们对自己所接触到的每一事

物，都要留下自己信仰的印记，即使是一个临时工，如果足够长时间审视自己的内心，就能够认识到自己所拥有的才智完全可以成功，现在的关键是找到开启心智的方法和为目标奋斗的方式。如果他认识到了这一点，并赋予它一定的意义，那就足以让他为了自己的理想而坚持不懈。

成功人士对贫困是不屑的，在这些杰出的人物看来，这个世界无处不存在富足，他们从不怀疑自己的能力，坚信世间到处都是唾手可得的财富。

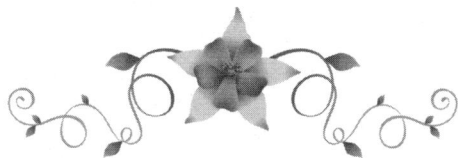

第三章
思考创富

不要出去寻找财富，到你的心中去寻找理想。有目的地利用它吧！用它来进行建设性的思考。

富裕你的思想

　　每天清晨一直缠绕在你面前，并且直视你和每一个诚挚人士的烦恼是什么呢？

　　"我如何才能改善自己的处境？"这就是每天你必须面对、一直困扰直到解决为止的人生的真正烦恼。

　　当你阅读本书之后，我坚信，你一定会找到解决这一烦恼的方法，这也是你和每一个期望在发薪日后的每个星期一早上能比前周拥有更多的人必须解决的问题。

　　人生就是思考，把握了你的思想，你就能控制住自己生存的环境。

　　你所生活的这一世界就是你的财产，它不仅要负担你的生活，还应给你渴望的一切美好事物。然而，你必须要求它给你这些。你必须做到不害怕、不恐惧、不退缩，你必须要有哥伦布那样的信念，穿过未知的水域，在水手早就完全丧失信心的时候仍旧迫使他们坚守到底——并且给予了世界一片新的陆地。你必须要有华盛顿那样的信念——失败、受怀疑、几乎彻底被追随者遗弃的他却没有被吓倒，依然坚忍不拔——并且赋予美国人民自由。你必须统治——而不是畏缩，你必须运用供应的法则。

　　想想百合生长的方式，世间万物都在不停地运动着。草木在生

长、鸟兽在搭窝、觅食，它们总在忙碌着——却从不发愁。老天懂得你的需要，你需要的定会属于你。

人的财富皆来源于"思想"，来源于意志和奋斗。财富存在于观念之中，而不是金钱中。钱只不过是用来交换其他物质的媒介。你口袋里的纸币和其他的纸一样不值钱。没有背后的生产或销售观念，任何厂房、机器、材料都没有价值。有多少次你见到过倒闭的工厂，见到过观念用尽之后，机器开始生锈、变坏？工厂和机器仅仅是生产的工具，正是背后的观念才推动了它们的运转。

想法是运转的心智，是人类内在心智的外部表现形式，心智是精神的活动，是精神上的人所拥有的唯一活动，而这唯一的活动却足以承担宇宙创造性法则的全部职责。因此，当我们思考时，便启动了一系列的因，而当我们的想法发布出来，并与其他类似的想法混合在一起，形成了观念，这便是果。如今，观念已与思考者独立开来，二者相互独立地存在着，谁也不依附谁，它们是看不见的种子，存在于每一地方，发芽生长，开花结果。

迪蒙在《万能的头脑》中所说："它们只是记忆的小溪流过意识的领地，而'自我'则是站在岸边，闲看流水。他们把这称为'思考'，然而事实上根本不是在进行思考。"

他们就像那个坐在木屋旁的树荫下的山中老翁一样。当问及他是如何打发漫长岁月时，老人的回答是："有时我想点事情，而有时就这样待着。"

迪蒙引用另一名作家的话继续说道："当我用'思考'这个词

创富密码

时，我指的是有目的地思考，为解决问题而思考。我指的那种在决定人生的道时是被迫进行的思考；那种我们小时解数学题或大学时解决心理学疑难被迫绞尽脑汁的过程。我并非指的是断断续续的'思考'，或是那些对杂七杂八的事情的琐碎看法。我指的是对超出狭隘的个人利益之外的重大问题所进行的思考。令人遗憾的是，这种思考如今是多么罕见啊！"

有一句古老的格言："创富之路是一条单行道。"你不是贫穷就是富有，这两种情况你必然处于其中之一。但不管富有还是贫穷，在自己的思想和内心深处都要保持富有。

你的感知、判断、思索、品性、才智、志向，都会在一定程度上影响你在现实生活中产生的满足感。这些思维的能力是在你的学习、实践中逐渐积累起来的，每个人的经历不同，积累的能力也不同。为了达到最高的成就，我们要学习最优秀的思想。

我们已经知道拥有无穷的智慧和思考能力是这个世界对人类的最高恩赐与奖励。创造性的行为源自于创造性的思想，所以想让生活多姿多彩，就得从思想出发去考虑问题。

思想就是力量，它蕴含着强大的能量，比那些促进物质进步的梦想或者你能想象到的最辉煌的成就更加神奇。集中的思想即为集中的能量，积极的思想就是积极的能量。那些不甘于平庸的人，从没有放弃对这种力量的追求。

只有使意念高度集中，才能产生真正具有爆发力的创造性思维。在一段时间内我们将思想高度集中于一点，汇集全身所有的能量与精

力，进行一场脑力思考的风暴，我们就将被赋予超人的智慧与力量，而在生活中就完美体现为战胜困难和挫折，取得一个又一个的胜利。

这门科学是所有科学最基础的，所有的其他科学都被这一伟大而基础性的准则包含着，也可以说这是高于一切艺术的艺术，可以使人生因它而变得多姿多彩。当我们对这门艺术的科学熟练掌握，并能灵活运用之时，就可以在人生道路上获得巨大的进步。面前这美好的场景并不是无法实现的，而是在不断地努力之后你所收获到的，一定会令你为之振奋。

积极、无私、公正的态度，才能带来厚重、安定、有意义的人生。"春种秋收"体现了"付出必有回报"这一法则，自然因其规律而不停地循环往复，同样人生也因此规律而不断前行。要相信付出必定会有回报，宇宙精神的主旋律是由人生的思想境界所决定的。

收获这种力量并彰显这种力量，其前提是对这种力量的认识，认识得越深刻就越能够获得这种能力。而一旦具有这种力量，它就会变成你思想的财富，就会使你不断地创造出新的思想与意识，并在外在世界中展现出来。

每一天你的脑海中都会冒出不计其数的想法和念头，其中一些念头是具有危害性的，就像射偏的箭一样，可能会伤害到别人。而贫穷的念头就最具危害性。

如果你出生在贫寒之家，那么贫穷的思维几乎从出生就跟随着你。从童年开始，你就已经习惯了过"小日子"，潜意识中也已认定这就是自己的命运，永远也无法摆脱。也许你的父亲只是默默无闻、

做着一份很普通的工作，你往往会觉得自己的未来也和父亲差不多，甚至还不如父亲。贫穷的思想牵制了你，使你无法释放一直潜伏在内心的巨大能量。

许多生活窘迫的人都会坦言，他们对生活的期望不高，会很容易满足。对有些人而言，有一份微薄的收入和过得去的生活就满足了。意识决定行为。这些人的期望不高，于是自然而然地就不会有太大的成就。一个人若想成功，就必须清除这种贫穷的思想和想法，代之以发财致富的思维。

只要敢想，那么每个人都能拥有大量的财富，不必担心这个世界上的财富有没有那么多。富人都是按照自己一个又一个的想法来行事的人，他们在思想上很富有，所以获得了大量的财富。

你必须寻求。你要做的不只是沉思，你必须进行建设性的思考，如何寻求发现新大陆、新方法、新需要的途径。最伟大的发现都来自于人人看见过的东西，却只有一个人注意了它；最惊人的财富都是来自于许多人有过的机会，却只有一个人抓住了它。

为什么成千上万的人是在穷困、疾病、绝望中了此一生？为什么？主要在于他们因害怕贫穷而使贫穷成了现实。他们想象穷困、痛苦、疾病的情形，于是使它们果真降临。

在交易时，尽量不要跟人斤斤计较，当然这并不是说你要一味地妥协，也不是说不能跟其他人打交道，而是应该公平待人，不能不劳而获，要通过"付出多少就索取多少"的方式去创造财富。

在交易时你的交易价格不能低于成本价格，但你可以让物品的

价值高于他们所付的金钱价值。制作这本书的纸张、墨水和其他材料的成本价格可能比你的购买价格低，但如果书中的某些理念能让你赚更多的钱，那么你买本书就是值得的，卖书的人和买书的人达到了双赢。因为卖书的人赚了钱，而买书的人则买来了一本使用价值极高的书。

有双赢的交易，当然也有双方都亏本的交易。假如你有一幅名画，它在任何国家都价值万金。你将画拿到深山里的一个村子里，然后用尽"销售技巧"将画卖给了当地一个农夫。作为交换，他给了你几张一共价值5000元的皮毛。这个交易就是双方都吃亏的交易，因为这幅画对农夫没用，而你却失去了万金。

不过，假如你用一把价值5000元的猎枪去换他的毛皮，这仍然可以说是一笔双赢的交易。这把枪对他有用，他们可以用枪猎取更多的动物，能够获得动物的皮毛和肉，有了枪他的生活在各方面都得到了提高，甚至还能让他的生活富裕起来。而你得到了珍贵的动物皮毛，可以送到服装厂，经过加工而出来的服装也能卖个高价。

在交易中要从竞争层面提升到创造层面，你必须严格检验自己的商品交易活动。如果你目前的商品价值不如别人所付金钱的价值，那么请不要交易。经营事业不需要伤害他人，一旦发现你的事业在损人利己，那么你就该马上抽身而出。应该保证商品的使用价值大于顾客所付金钱，这样一来你从事的交易活动实际上就充实了交易对象的生活。

如果你有雇员，那么你从他们身上得到的利润势必会多于你付给

他们的工资，不过你仍然可以通过规划为员工提供成长的机会，让期待成长的员工每天都有所进步。

你可以在利用本书原则受益的同时，让你的员工也受益，员工受益反过来又能促进公司的发展。你可以管理好自己的事业，让它变成员工进步的阶梯，让每个愿意付出的员工都能得到不错的报酬。当然了，假如你提供了平台，他们却没有为之奋斗和努力，那就不是你的错了。

如果你愿意改变自己的思想，那么很快你的生活就会焕然一新，这个世界需要纯净的思想和坚定的语言。

有这样一个女人，总是穿着旧衣服，很少会买新衣服。她在花钱方面十分谨慎，而且对丈夫花钱的管理也很严格，不经允许不准花一分钱。她经常挂在嘴边的话是："我什么都不需要，也没有钱买。"

她是这样限制自己的致富想法的，直到有一天丈夫离开了她。她感到自己要崩溃了，自己的末日到了。在看到一介绍语言和思想的力量一书之前，她几乎完全绝望了。看到那本书之后，她才觉得自己的思想一直都是错误的，丈夫离开自己的原因完全在自己。

她开始意识到是错误的思想在起作用，是错误的思想让她不快乐，她大大嘲讽了一番以前的自己，决定纠正偏差，尝试去证明一下书中的致富法则。

她对贫穷和困苦绝口不再提了，她勇敢地将所有的钱挥霍干净，以显示自己致富的决心。她看到了这个世界上无穷的财富，期待着自己变得富有。

一扇封闭已久的财富之门终于打开，她走上了致富的道路，很快她就找到了赚钱的方法。是的，她像换了一个人一样。

　　所有的变化都是因为她改变了自己的语言和思想。她依照信仰行事，信心自然大增。她毫不犹豫地去准备接受财富，感谢社会的眷顾。所以最后她得到了益处。

　　所有的财富都来源于对一个事实清楚而正确的理解——思维是财富唯一的创造者。生活中最伟大的交易就是思考，只有掌控住自己的想法才有可能掌控周围的一切。就像收获的第一定律是心怀希望，成功的不变法则便是持有信心。把成功当作已有的事实，坚信自己已经获得了成功，这样你所渴望的一切都将实现。信心是一种让人怀有憧憬却无处可寻的神奇物质。你会发现有一些人在本质上并不如自己，却能完成那些看起来无法完成的事情。你也会发现一些人奋斗了几十年，突然间实现了他们最宝贵的梦想。然而你却总是疑惑"那些人为什么会有这么大的爆发力？为什么疲惫不堪的他们总有欲望和动力？为什么他们在通往成功的道路上总能找到新的方法和途径？"那个力量就是信心，就是坚持不变的信念。一些人和事，让他们获得了新的信念，同时赋予了他们取得成功的力量，然后他们的事业发展突飞猛进，并从看似的失败中获得了成功。

想象力创造财富

有这样一个说法，一个人脖子以下的价值是一天13元。那么脖子以上的价值呢？这取决于这个人的眼光有多远。这里的"眼光"自然不是指视力，而是智慧的眼光。凡能成功的人，必定有远见的卓识。没有远见的人，永远只知道"盯着自己脚下"，一辈子都不能出人头地。但是，拥有一定的远见卓识、出色的想象力、能够提前预知一个月甚至一年之后的形势的能力，那么你将能取得巨大的成就！

火车、轮船、汽车、飞机，它们没出现之前就早有人想象出了它们的样子。那些成功的人，在他们默默无闻的时候，就已经用睿智的眼光预见到了今后的形势。雕塑家和泥瓦匠的唯一区别就是在他们工作背后隐藏着精神创造过程。罗宾雇用泥瓦匠将一整块大理石砍削成他需要的形状，这是一种技术劳动。利用这块粗陋的大理石，罗宾雕刻出了令人叹为观止的雕像，这就是艺术！他们一个握着斧子，一个握着凿子，其区别在于在有没有优美的想象力。罗宾完成了他的杰作之后，普通的工匠生产出无数的复制品，罗宾的工作带来了很多收入，工匠们的仿制工作带给自己的是每月固定的工资。设想一些观念，创造一些东西，这是所付出的劳动，不管是雕刻家还是别的什么职业，创造性的工作都能带来创造性的收益。仅仅从事体力劳动，基本不会获得很高的工资。

在潜意识中所有要求都会被充分地满足。如果你仰望宇宙，你就会在意识中重塑自我，就会摆脱不公正的待遇；你会错认黄金为尘土吗？你会误判俄斐的宝石是水中的石子吗？是的，万能的宇宙是你的保护伞，它会给你一大笔金子。

想象一下你获得大批金子的场面，那将是让人多么激动的事情啊！这得益于宇宙回归到了意识之中。

一般人长时间地思考着贫穷，对他们来说在意识中变得富有极为困难。

有一位学生非常成功。因为她经常这样想："我是公主，国王赐我一生富贵；我是公主，我可以拥有一切。"

一名橄榄球运动员的故事令我印象深刻，他是世界最著名的橄榄球运动员，他居然在吊床上坚持训练。

有一天，他躺在吊床上晒太阳。教练员焦急地走过来，对他说道："为了球队和国家的荣誉，吉姆，你要继续参加训练！"

吉姆睁眼说道："我正好也想到训练这回事，正要找你呢。"

"太好了，"教练员很高兴："你需要我帮你做什么呢？"

"请帮我在25米外画一条线。"

教练员按他说的做了。

吉姆闭上了眼睛，继续悠闲地在吊床里摇动。五分钟后他睁眼看了看那条线，又闭上了眼。

"吉姆，你在干什么？"教练员有点生气地喊道。

吉姆却责备地看着他说："我在练习跳远。"原来，他通过自己

创富密码

的想象，在吊床里完成了自己的训练。

想象力就是把目光放在自己的目标上，清楚地知道自己正在做什么，所有成功的人都经历过这样的过程。失去想象力，人类就会走向贫穷、懒惰，并最终走向消亡；失去想象力，即使工作得再辛苦也无法取得什么成就。

创造力是将人类提升到超越其他所有物种的地位，从原始蒙昧的状态中脱离出来，并给人类对世界控制力的伟大力量。人类所有创造力的来源和中心就是想象力。有的人认为想象就是怂使人们去想原本不可能实现的东西。那叫假想，而并非叫想象。假想可以把真实的东西伪装起来，而想象却使一个人透过表面看到真实。

因果关系这条真理让人通过自己的努力使梦想成真。这条真理是清晰生动的，它使人类内心世界的一切想象变成外部世界的真实存在，把你想要的东西在你心中变成清晰的图画，画出理想中的样子。你的想象要超越出这件东西实际是什么样，而进入到这件东西可以变成什么样、你希望它变成什么样。想象力会为你勾勒出这幅图画。想象所呈现的画面会让你有冲动和欲望将这一切变成现实。让你的想象有足够的清晰度，让每一个细节都在你脑中清楚呈现，然后你的大脑就会为你找到实现这一切的途径。通过想象之后，没有什么是不能够变成现实的，不过是时间关系而已。

伟大的北方铁路是由詹姆士·J.希尔建造的，他在铺铁路之前心里就已经想到了火车的轰鸣声。他的目标很明确，那就是就算遇到再多障碍都会坚持按照心中所想来建造铁路。他的想法只得到了妻子的

支持，虽然支持的人不懂，但是最终他实现了这个梦想。

人们想象自己贫穷与困苦，这是惰性和怯懦的缘故，你没有摆脱困境的念头，害怕将要面临的困难。你必须产生去追求经济自由的强烈愿望，应该感觉到自己很富有、看到自己很富有、时刻不停地准备变得富有。你必须像孩子那样，想象着自己富有，将这些想象深深地印在自己的脑海里。

C. W. 张伯伦在《实用心理学之特殊意识》一书中说："我们现在所用的最重要的陆地运输系统——铁路系统，就是来源于头脑的想象。这件事情让普通人觉得遥不可及。可是实际上，这种成就，还有那些完美的精神图像，都是由无数微小的工作堆积而成的，每件小事都恰到好处地发挥了作用，才能建立起一件伟大的功绩。一座摩天大楼是由一块块砖垒起来的，砌每块砖都是一件虽简单但必须要做好的工作，砌完一块，才能把下一块砖放上去。"

做任何工作和学习都是同样的道理，用詹姆士教授的话说："就像我们喝酒喝得太多就会变成永远的醉汉一样，我们在道德上变成一个圣人，在科学和实践领域变成权威和专家，都是通过无数次的行动和无数个小时的工作来实现的。希望所有的青年都不要对于受教育的结果太心急，不管他现在处在何种水平。如果他在每个工作日都能够踏踏实实认真工作，那就根本不用去担心什么结果。他一定会在某个美妙的早晨醒来，发现自己在同龄人中已经不是普通的人物，甚至不管走到哪儿他都是出类拔萃、鹤立鸡群……年轻人应该早早明白这个道理。若是忽视这一点，所导致的灰心和懦弱会比任何令人失败的原

创富密码

因都严重，尤其是在需要辛勤耕耘的行业。"

"人类没有想象力就会灭亡。"如果我们失去了想象力，无法想象自己的好运，那人类一定会大大退步，甚至灭亡。

一位牧师来到一家女修道院，看到那里的修女收养不少孩子。孩子们没有食物，正在挨饿。一个修女绝望地说，她们现在只剩下几块钱了，远远不够购买孩子们所需要的食物和衣服。

牧师说："将这银块给我。"他接过修女递过来的银块，将它扔出了窗外。"现在，仰望世界吧。"

不久之后，就有人带来了大量的食物和资金。

牧师并非要扔掉钱，而是要扔掉修女对钱的这种依赖。"仰望世界吧"，因为它是物质的源泉，是想象力的翅膀。

只要能清楚地描绘出梦想，美梦就定能成真。

第三章 思考创富

打开你的财富之门

几乎每个人都渴望得到金钱、权力、健康和富足，但却很少有人弄清因果循环的道理。种"善因"才能结"善果"，天下没有免费的午餐。有太多的人无比积极地去追逐健康、力量或其他外部条件，但并非每个人都能追求得到，这是因为他们只做表面工作。相反地只有那些不把目光专注于外部世界的人，一心一意寻求真理和智慧的人，才会得到这个社会的慷慨回报，而财富的大门也会随之为他们打开。认识到自己创造理想的神奇力量，而这些理想终将投射在客观世界的结果中。在他们的想法和目标中，智慧美妙惊人地绽放出来，进而创造出他们渴望的令他们惊喜的良好境遇，实现他们梦寐以求的绚烂多姿的理想。

和一个刚刚开始换牙的孩子一样，我们总是充满好奇地用稚嫩的手去摇动松动的牙齿，总是情不禁地用舌头去舔刚长出的新牙。在这种情况下，牙齿经常会长得畸形变样，而我们的精神也是这样。我们急切地想做一些事情，需要得到外界的帮助。我们如果沉陷于深深的忧虑不安之中无法自拔，表现出来的也是深深的忧虑、恐惧或是悲愁。而这正是很多人在自己的精神世界中进行把自己带向软弱、负面的意识活动。

胸怀勇气和力量的人，必将在引力法则强大而正确的指导下获得

创富密码

自己的渴望；而拥有恐惧想法的人，引力法则必将确定无疑地牵制他们，让他们陷入穷困潦倒的境地。因此，所有的关键都在于你是怎么想和怎么做的。

思想是巨大能量的源泉，它产生的动力足以极大快速地推动财富的车轮，我们在生活中遭遇的或沉或浮，或顺或逆的所有经历，都取决于此。思想的力量是获取知识的最强有力的手段。只要利用思想的力量。没有什么是超出人类理解力的。只要我们拥有一颗开放的心灵，懂的随机而动，就能做比以前更多更好的工作，新的胜利将不断出现。

只有真的想创富而且对财富的渴望强烈到足以指导思想，让思想的方向与目标一致，就可以遵照本书所述的原则行事。这里提供的创富法则仅适用那些对财富的渴望强烈到足以克服内心好逸恶劳的惰性，并能坚持不懈的人。

最近有一个人来找我，他非常想找到一份工作。

我说："有一个伟大的精神治疗专家，他要求我们学会赞美和感谢，不要太专注于自己的强烈愿望了。去赞美和感谢吧！"

赞美和感谢会打开一扇门，期望也总能实现。

当然有的伪君子不知诚信，他们渴望财富也会变得富有，但他们的财富很快就会消散，而且他们也不会真正的快乐。正如一位名人说的那样，"不义之财短且浅。"

违反规则的人总是寸步难行。很多人得到了财富，但无法守住。他们的思想会改变，恐惧和担心使这些人失去财富。

有位朋友在课堂上讲了下面的故事：

一个贫穷的小镇里，突然出现了石油，小镇上的人都变富裕了。不少人发财之后加入了乡村俱乐部，去打高尔夫球。有个人年龄偏大，这项行动对他来说太过剧烈，不久他就死在了高尔夫球场。他的死给整个家庭带来了恐惧，家人害怕自己也有心脏病，所以整天躺在床上，接受专业的护士照顾。

人们被一般思维束缚着，总是会担心某些问题。现在他们担心的问题不再是钱，而是健康。

老人们认为，一个人不可能拥有一切事物，你必然会得此失彼。所以人们总是说："太完美了，这不可能是真的。"

在世人的思想中苦难无处不在。如果你积极乐观，你就会超越这一切。

所想之物的样子越清晰，你想它的遍数就越多，对其细节把握也就越到位，你对它的渴望也就越强烈；而越渴望，你的思想就越容易做到集中。当然只是明确它的样子还不够，只是这样你最多算个梦想家，但并不具备实现目标的能力。

在明确的愿望背后，还要有实现愿望的目标以及让梦想变成现实的决心。在目标背后，还要有坚定的信念。这样你就才真正拥有它，你在精神国度要做的就是享受想要的一切。

要想创富你必须先对所求之物有个清晰而明确的概念，如果没有想法也就没办法向智慧本体传达。在传达想法之前，你必须先有想法。很多人之所以与本体交流失败，就是因为自己对想做的事、想要

创富密码

的东西以及想成为什么人，都是只有模糊的概念。

　　只是想各地走走、增长见识、让生活更充实是不够的，因为这也是大家的愿望。只是希望拥有财富去做事是不够的，因为所有人都是这么想的。给朋友发信息时，你不可能只发送只言片语，就想让对方明白全部内容，也不可能随便从字典里挑出一些字让对方猜到你的意思。你要做的，肯定是发送能够清楚表达意思的完整句子。同样地，向智慧本体传达信息时，你必须通过完整的陈述让它了解你的需要，但首先你必须明确自己想要什么。

第三章　思考创富

培养平和的财富思想

平和与财富携手并肩，有句诗是这样写的："平和在你的围墙之中，财富在你的宫殿之中。"外表贫困的人通常在意识深处会感到恐惧或者混乱，他们没有清楚意识到自己的好运，也没有按照自己的直觉行事，所以导致机会总是从身边溜走。一个平和的人一定是警醒的，他行事敏锐干练，善于观察，能抓住稍纵即逝的机会。

有些原本不快乐的人发生了彻底的改变，这证明了法则的作用。有个女人哭泣着来寻求帮助，她被男朋友抛弃了，非常伤心。面容干枯、眼神茫然的她，看来是对任何人都没有吸引力的女人。我曾经在艺术领域做过多年，习惯了用艺术家的眼光来看人，平常我所见之人都具有伦勃朗和雷诺等人作品的特点，可她颧骨高耸、眼睛很大，眼距离也很大，像极了桑德罗·波堤切利。

我为这个凄惨的女人说了很长时间，还把我的作品给了她。一两周过去后，她突然兴奋地闯进我的房间，她的眼神很漂亮。我突然意识到她就是那个像极了波堤切利的可怜女人！如今的她积极又快乐。和她谈完之后，我找到了让她改变的原因，这一切都是那本书的效果。

平和在你的意识之中，而意识就是你的围墙。平和与休息之间存在某种关系，这种关系存在于你的潜意识，潜意识就是你内心的力

量。猜忌、恐惧与负面的妄念等这些幻象都隐藏在你的显意识之中，而你的潜意识中是没有斗争和负担的。

有一次我乘飞机，在高空的时候我有一种超然物外的感觉，那是一个平和的内心，和谐地与外部世界相处。当你从高处俯视，能看到田地里丰收的景象。因此，缺乏平和与和谐的思想才是阻挡你成功、快乐及富有的原因。《圣经》中说："害虫蚕食了你的庄稼，我会补偿你。"换句话说："当你的情感遭遇破坏，圣人会补偿你。"心中充满恐惧和疑虑的人，总与不快、失败或疾病同行。

平和、和谐的思想能够得到人们的普遍理解与认可。恐惧失败是最具破坏性的一种恐惧，大部分人存有这种心理。他们恐惧的内容包括身体、爱情、金钱和地位，还有一些是因为黑暗、孤独、误解，甚至还包括失去思想的控制。科学表明，身体长时间处在恐惧中，对腺体的分泌、消化系统甚至是神经系统都有极坏影响。你的身体会逐渐失去健康，进而会越来越坏。

恐惧是一种令人内心混乱、恶性的信仰。它是摧毁人类最大的武器之一，它将人类所恐惧的事物带到眼前。"为什么你会恐惧，因为你没有信仰！"好运只会降临在那些无所畏惧的人的身上，因为在前行的路上，他们已经准备好了期望得到的东西。

我们换种说法来表达这句话："你所预期获得的、前行道路上的东西，已如你所愿地为你准备妥当了。"一个新词汇通常会让你有一种新的认识。

一位朋友向我讲述了她的故事，当时她正在翻译一本关于波斯

统治者的意大利语传记，她心里一直在疑惑为什么出版商不先出版一本与之有关的英文版书籍？一天，她在餐厅吃饭，与对面的一位男士闲聊起来，她向他提起了自己手头的工作。他告诉她："这样的书要出版是很难的，因为波斯统治者的观点和现政府的观点有冲突。"作为学院的学生，也是学者，很明显对这一课题他比她更了解。她的困惑被不经意地解开了。信仰总是以非同寻常的方式发挥作用，她曾经满怀疑虑，但当身处平和之地时，所期望得到的信息却自动上门找来了。

如果一个人生活在混乱中，怎么能够平和？通过语言和思想是不能控制的，但是评议是可以控制的，并且会取得很好的效果。我们需要学会如何平和自处，这样才能将局面调整到一个更和谐的程度上去。

"和谐"是一个有着丰富内涵的词语，它有着去伪存真、化曲为直的巨大能力。如果你对圣哲的智慧满怀信任，那你的每个预想都能得以最大程度的彰显，这是他赋予你，也是你应得到的。当然，你必须全身心地依赖他，如果疑惧和恐慌占据你的内心，那么你会和真理失去联系。在这种情况下你需要采取一些措施来坚守自己的信仰。

"没有运作起来的信仰就等于死亡"。积极的信仰会在你的潜意识里打下烙印，愿圣哲与你同在。这正如华尔街对金融市场的关注一样，我们也需要关注自己的信仰。有时候信仰的市场会一直呈卖空的形势，直至最后崩盘。而那些沮丧局面的出现本是可以避免的，那是因为我们没有遵从直觉，而是相信了理性思维。

一个女人曾经告诉我她在自己的理性思维与直觉之间犹疑不定，直到最后一刻还是相信了前者，最后她失败了。直觉是我们亘古不变的方向，我们要从小就锻炼直觉，遇到大事时用直觉。我有一个相信直觉的朋友，她又进来找我的原因就是："我来找你是因为有一种直觉让我来，所以我来看看到底是为什么。"而事实上我的确需要她与我合作做一件事。

我们生活在一个伟大的社会里，我们被前人的思想指引、被父母和朋友给予。了解了这以规则之后，恐惧就会全部消失，负面的东西就会失去影响力。正如早期希伯来人所说的："耶和华在前指引，所有的战争都能取得最终胜利。"

另一个取得成功的人遵从的是给予和接受法则，他刚到费城时买了一家杂志社，身上就没什么资金了。但是，他并不急于赚回本金，而是以很低的价格向公众提供一流的故事和插图，以求薄利多销。结果杂志的销路一路上升，利润虽然很小，可薄利多销，最终也让他赚了不少。要知道给予的越多，接受的越少，你的财富才能稳定和源源不断到来。

记住这些名言："平和在你的围墙之中，则财富就在你的宫殿之中，平和与财富如影随形。""不抗拒邪恶，善良能够超越邪恶。""那些接受法则的人会得到平和，没有人能够打扰他们。"

所以要想反败为胜，变穷困为富有，就要变混乱为平和。

思想助你致富

想要变得富有，就必须首先在自己的脑海中建立一个富有的精神世界，必须在意识上坚信自己富有才会对任何事情都满怀信心。我们的思想态度以及我们所付出的努力，将成为能否实现理想的决定性因素。

同样的道理，如果想变得富有，就必须相信自己一定能获得财富。怀着这份自信，去创造自己的生活吧，相信自己是生活的胜利者，而不是弱者。那些成功而富有的人从来不会对自己说："就算我努力奋斗了也没有用，成功的机会早就被别人发现了，那些人发了财。不久以后大家都开始为那些富有的人工作，而我除了一辈子老老实实地为别人打工，还能有什么别的选择。我只是打工的，不可能像那些富人一样，住豪华别墅，开高档轿车，高兴了甚至坐自己的私人飞机兜风。我注定一生穷困了。如果你这样想的话，那你这一辈子都如你所想的那样，就算机会真的到了你身边，你也会因为消极而白白错过。

改变这种消极而懒惰的想法吧！为自己构建一个充实富有的精神世界。再贫穷的人，只要有丰富的精神世界，都不可能一辈子一贫如洗，他们总有一天会将自己的某些想法变成商品或服务，造福这个社会，并为自己带来可观的收入。所以贫困并不可怕，真正可怕的是思

创富密码

想上的一贫如洗。只有思想贫乏的人，才会注定贫困凄凉。

我们甚至可以这样说，贫穷是一种精神疾病。如果你不想一直贫穷下去，那么请首先改变自己的精神意识，不要总是想那些不幸福与生活中的无奈，也不要满腹牢骚、不停地抱怨，想想生活中的富有与美好，你会发现生活正朝着你所预想的那样发展。

通过思考，你手中掌握着能影响你生活的全部力量。因而不要限制你的能力。你不要受任何的束缚。你所有的梦想和希望都能实现。难道你没有被赐予统治整个地球的权力吗？难道他人能从你手中夺走这项权力？

如今你常听到的种种特异功能其实都是合乎自然的现象。杜克大学的莱因教授已经从方方面面阐述了它们的存在。我们每个人身上都具备这些功能。它们只是要等待适当的时机以显示出来，并证明自己会忠实地服务于你。

"不要害怕！"你的心灵说道。那提供一切智慧和力量的"宇宙精神"便是你的心灵。你在多大程度上理解其无限供应的法则，你便能获得多少。

许多人似乎已经习惯贫穷的日子，不再尝试着改变这一状况。他们总觉得自己无力改变现状，也与财富无缘，丧失了对美好和财富的希望与追求。贫穷束缚了他们的意识，使得他们懒于作出任何改变。

一个人在贫穷时整日担心能否吃上一顿饱饭，担心冬天没有厚衣服如何度过，这样他就对贫穷产生了畏惧。畏惧心理不但会影响你的好心情，还会妨碍思考如何获取财富。恐惧心理是要不得的，你不过

是为自己本已不堪重负的思想增添了一份负担而已,这会让你不堪重负而倒下,并因此而彻底沉沦或安于现状。无论前景怎样,无论环境多么困难,我们都应该摒弃那些不好的东西,以及所有可能阻碍我们的东西。

我们应当杜绝贫穷的思想,积极期待繁荣与富有,我们应当坚信自己可能过上充实的生活。在这个基础上,通过努力奋斗去实现理想,创造自己的人生。这种信念会让我们的内心丰富而强大,让我们能够发挥出巨大的力量。

我们生活在自己的世界中,我们的思想意识创造了我们自己的人生。每个人都可以通过思想意识为自己建造一个独立的世界,并借助想象和思维为自己营造一个富足、充实的精神环境,当然你也可以为自己建造一个贫穷落后的思想囚牢。

没有任何理想伟大到我们无法实现,没有任何东西神圣到我们无法争取。我们之所以不敢去想这些,是因为贫穷、狭隘的思想束缚了我们。如果我们的思想更为开阔,人生观则更为伟大,对我们的权利将有更为深刻的认识。所以停止抱怨,走出恐惧,大胆地维护自己的尊严,勇敢追求自己的目标,这样我们的生活将更加完整充实,我们的人生也将无比绚烂。

这个世上谁都有权利去获得那些崇高而美好的东西,并不是只有那些幸运儿才能拥有,我们每个人都能得到。

如果我们的思想是开放、丰富的,我们就会拥有相应的精神意识,生活也会按照自己的想法走下去。我们总是用自己的主观臆想区

分贫穷与富有、朋友或敌人、和谐与混乱，这种主观思想造就了我们现实中的生活环境。我们之所以会得到一些东西，是源于我们对它的追求。如果我们太吝啬狭隘，就不可能过上富足、幸福的生活。

如果一个人生活惨淡，受尽贫穷的折磨，除非他常年病魔缠身，那么可以肯定这个人的思想不够乐观和坚强。他一定抱怨命运的不公和生活的不幸，从来没有作出改变的尝试，这种错误是坚决不能犯的。如果你不满意自己的生活条件，感觉人活得太累了，现实太过残酷，那么请不要只是抱怨，因为这都是你自己的思想造成的，与环境和命运并没有太大关系。

美满的生活源于正确的思想，纯洁的思想创造简单的生活，富有的思想将和我们的智慧一起实现梦想。

如果我们注重发展自我，如果我们努力去改善周围的环境；如果我们相信命运的公正和慷慨，坚信收获来自辛勤的耕耘，那么我们必定可以过上想要的生活。

我们的理想只有实现与否的区别，而不是实现了多少。我们不需要一半的理想，那样会滋生一种变态的满足感，只有懦弱者才会这样选择。我们应该努力争取完整的理想，否则我们的生活会变得很凌乱，并且我们会因为满足一些微不足道的收获而渐渐失去对理想的信心。

世界上最可怕的思想就是认为贫穷无法避免。很多人相信贫穷是与生俱来的，是上天注定的。然而这个世界没有考虑过贫穷，地球上也不应该有穷人，因为这里丰富的资源。那为什么还有这么多人贫穷

第三章 思考创富

呢？原因只有一个，那就是我们自己一直坚持着悲观和贫穷的意识。

思想不是虚无缥缈的物质，它有巨大的力量和能力，它能驾驭我们的生活，能塑造我们的个性和能力。如果我们只是一味地害怕贫穷，害怕面对生活中的困难，那么我们只会变得越来越穷。

谁规定我们必须过那种艰苦的日子？谁规定我们得用毕生的时间工作而只是换来一生的平庸？谁规定我们一定要节衣缩食、与美好富足的生活无缘？要知道，富有、充实、自由与美好，才是我们活着所必须追求的东西。

也许我们会被迫为生计奔波，但只要我们保持积极的思想，只要我们能够思考和工作，那么这样的日子就只是暂时的，我们迟早会与贫穷说"再见"。拥有远大的抱负，会让男人获得阳刚之气，给人以稳重大气的感觉；也会让女人散发出独特的魅力，激发她们的自信和创造力；还能塑造我们良好的品格，不让我们成为金钱的奴隶。

富有来自于精神面貌，如果你抵触富有，那么你就永远得不到它。如果你总是消极地认为自己贫困、落魄，那么你期待的方向就会发生偏离，你既不能达到精神上的富有，也不会获得现实中的财富。任何产品都是按照一定的程序制造出来的，如果我们在思想绘制了贫穷的图案，那么生产出的产品必定带有贫穷的标签，所以请在头脑中绘制繁荣与富有的图案吧，这样你才会真正得到它们。

为什么不能拥望自己也进入上流阶层呢？因为你认定自己就是个"穷人"，只能受制于人。其实今天的境况全是你自己造成的，你限制了自己，自然就与财富隔绝了。你本该过着和他们一样的生活，但

创富密码

却因懒惰、自卑、不能坚持而将它们拱手相让。你认定美好的生活不属于你，所以才会有这样的下场。

　　并不是上天要约束我们，而是我们自己限制自己了。如果你没过上这种生活，首先思考一下自己该怎么做。

第三章　思考创富

财富由思想决定

所有的富人都不会无缘无故地富有起来，他们总有富起来的原因。我们从每个富起来的人身上去寻找原因，发现他们富起来和金钱无关，而是由他们的思想决定的。钱只是这种思想在物质世界里的表象，赋予你口袋里金钱价值的是隐藏在背后的思想。厂房、机床、生产的原料……除非被放到一个工厂中或者放在市场里出售，否则就它们本身来说是一文不值的。

所以永远不要扼杀自己对财富的探求，从你自己的内心深处去寻找这些想法！"财富在你们的心中"，你必须有意识地去利用自己的这些想法！利用它们进行建设性的思考！有些人根本不能称之为思考，正如杜蒙特在《领导的思维》里提到："他们只是任由记忆的溪流漫过自己意识的田野，他们只是懒洋洋地斜倚在岸边看着这一切的发生，然后他们竟然告诉别人，他们在'思考'！而事实的真相是他们根本没有进行任何有实际意义的思考。"

他们，就像那些卧在自己的小木屋投下的阴影中的老迈登山者。当你问他都做些什么来打发这漫长的时光时，他会说："哦，有的时候我躺着思考，另外一些时候我只是躺着。"杜蒙特就这种现状，在自己的另外一本书中提到："当我说到'思考'时，我的意思是你要

创富密码

有个明确的目的，你要事先预见到你思考的结果，思考是为了解决问题。我说的是，只有当你想要对你要做的事做出决定的时候，当你要对自己以后的前途作出可能是决定性选择的时候，强加在你身上的那种身不由己的思索。譬如说在我们上学的时候，我们在解复杂的数学题，或者我们不得不去应付一些问题。但是我并非要你为了攫取什么而去'思考'，或者是将你的头脑用在那些无关紧要的小事上。我认为，真正的思考应该是指将你的头脑用在那些有意义的问题上，那些超脱于一己私利之外的问题上。这才是真正杰出而珍贵的思考——而这也是现在最需要的思考。"

"财富的国度"其实就是"思考的国度"：我们在这里思考着关于我们的健康，关于我们的成就，关于我们的快乐，关于我们的精彩生活……想真正活得多姿多彩，你必须自己去努力探索，不能只是在"思考"阶段，要学着思考！必须进行有创造性地思考：去努力探索新的世界、新的方法、新的需求。那些最伟大的发现实际上只不过是从最平常、最司空见惯的事情中发现的，但是却只有少数人能注意到它们，所以只有他们能成功。很多人都有取得巨大财富的机会，然而只有少数人才能把握住。

那些被祝福的人们，他们的快乐是他们积极的思考赐予的，就像种在溪边的树木，它在收获的季节贡献自己的果实但是它的叶子永不会凋谢，无论它要做什么最终都将获得成功。所以不要担忧和怀疑，别傻乎乎地将自己成功的种子挖出来瞧瞧它们有没有发芽。要用自信和信念滋养自己的种子，你必须时刻明确你所追求的目标到底是什

么。

　　永远不要放弃，不管你看起来如何的不幸，不管前面的路看起来有多么艰难，都别被它们吓倒。你要记住未来是要靠自己来创造的，除了你自己再没有其他任何事情能击倒你。明确目标，忘了那些障碍和困难，你只需要记住自己的目标，如果你做到了，成功将不再遥远。

　　一位中世纪的作家说："人皆可以为圣贤。"因此，每个人都有获得成功的潜质。

　　布鲁斯·哈特在给一位朋友的一封信中有下面一段话："几个月之前，我开始从事汽车修理业，那时我的口袋里只有23美元，我花了14美元买了修理工具，在我租的店面前又租了一个车库作为工具间。然后，我开始向城里有车的人推销自己的修车技术。在短短的30天里，我赚到了476美元，而成本只有50美元。1926年6月，我开始扩大自己的经营规模，因为这时我已经有了591名经常来光顾的熟客，我为他们提供了细致周到的服务。我在城里最好的地段开了店，这样可以为我带来这个地区更多的顾客。"

　　他就是那个勇于开创的典型。

　　一位年轻的学生，偶然间得知市场上几乎都没有黑色雨衣。他由此推测每个城市的雨衣批发商都没有全部买下黑色雨衣的能力，反之一个面向全国的销售中心就有这样的能力。所以他借了些钱把自己的想法用信函付诸实施，现在他已是百万富翁了。这就是他的创意给他带来的收获。

我们如何创新呢？下面给读者介绍几种可以帮你理出思路的方法。

一、首先你要回顾自己所有的成功经历，无论成功是大还是小都是值得回顾的。

想象童年的时候，你最喜欢什么游戏，这个游戏是否需要进取心、敏捷的头脑和快速果断的决策能力？你是个"独行侠"还是个"团队分子"？也就是你经常单打独斗，还是能够默默无闻地为团队作贡献？你是否成功地指挥过任何团队？你的队友喜欢你，愿意和你精诚合作吗？你能够和你的团队团结在一起吗？

如果没有这些能力也没关系，因为这些能力都能够被培养出来；如果这些能力你已经具备，那么你现在就可以用尽一切手段来运用它们。这些品质会让你在工作中受益良多。

二、你现在喜欢哪种游戏？是比较依赖个人能力还是团队协作？

游戏有时会暗示你的内在性格。有一个非常精明的老头，从来不爱和人合作，也没有朋友。有一天，他在牌桌上遇到了他唯一的良友。你怎么打桥牌，是和你的队友合作还是把他扔在一边？

这里并不是要贬低个人作用，只是努力在向你分析你的内在个性。如果你玩得最好，那么就要选择那种专注于独立奋斗的工作；如果擅长团队合作，那么去一个比较有合作性的团队，才能得到最好的展示自己的机会。

三、列出你的优点。

处理特定事件的能力，思维的开放程度，灵光一闪的反应能力，

说服别人的能力，融入社会的能力，对其他事务的兴趣，诚实，勇气，进取心，还有坚持不懈的精神，等等。坦诚地分析一下你自己，你具备上述优点吗？从分析中，从你过去的成功和失败中，再加上这次分析，找出你最适合的工作，然后忘我地投入其中。

不要意气用事，首先要做好全面的准备和研究。现在市面上有很多关于各种行业的书籍，这些都是补充自己知识的最佳课程，可以抽时间看看，分辨一下这里的知识和大学里学到的知识有什么不同。谨慎地做计划，从小处开始着手，这样当你做决定的时候才能孤注一掷。

不要分散你的精力。你可以同时做几件事，但是却不能一心二用。要想成大事，你必须全神贯注。

选择你的目标之后，就要全力以赴，不要为错误的目标耗费精力。不要把你的精力分散在与目标无关的一些琐碎小事上，只有集中注意力你才能开创属于自己的事业。

你一定会先确定目的地，并且带好地图，才会开车出远门。然而，100个人当中，大约只有两个人清楚自己一生要的是什么，并且有可行的计划实现目标。这些人都是各行各业中的领导者———没有虚度此生的成功者。

光做梦还不行，那会导致白日梦的。每一个人要激发心灵的潜力，必须采取一定的步骤：

第一，尽情地做美梦。编织一个使自己在最大限度内满意的美妙构想，写下来，写出心中那些想要达到的目标。并且，这些你想拥有的目标应该是包括许许多多的内容的，不论是工作、家庭，还是健

创富密码

康、朋友，凡是生活中的点点滴滴都必须涵盖其中。

而且，不仅仅不能限制目标制定的范围，而且要用一种极其放松的态度来进行这第一个步骤。要拿这个步骤当作好玩的游戏来进行。

第二，给目标确定时限。仔细考虑一下，你的长远目标要多少年，近期目标又分几个阶段，用多长的时间来完成。不论是半年、一年、二年、三年、五年，还是十年、二十年甚至三十年，你都应该将这些目标实现的年限确定下来。要善始善终地对待它们。

第三，挑出对你极其重要的四个目标，并且把它们记下来，还要附注理由。

毕竟，千里之行始于足下，你的远期目标和近期目标都必须一个一个地去实现。当然，万丈高楼平地起，找出你心中最想出现又最令你兴奋与满足的四件事来，还要写清楚你实现这些目标的真正理由。

一个人，如果做每一件事都有充分的理由，他在强烈的欲望的驱使下就会做出很多事情来。很多东西，我们一生都在寻求，其实并不是下定决心要实现它们，而只不过是有兴趣罢了。但是，这样不会给我们带来丝毫好处，更不会帮助我们去得到它们。例如，一个人总是整天做发财梦，异想天开地企望自己有朝一日能够一夜之间变成百万富翁；但他只不过是晓得财富对自己意味着什么，而不去做那些紧要的事情来使自己的发财梦变为现实，结果总是两手空空的。

约翰逊曾经说过，一个人若有充分的理由，就可以无所不能，一往无前。当你挑出对自己极为重要的目标，又有足够的理由时，你会

为自己的目标所引导，会努力去寻找做事的方法，使自己梦想成真的。

第四，把上述的四大目标跟目标制定的五大规则相比较，想一想下面这些问题：

你是不是肯定有实现四大目标的愿望、能力？

你对过程与结果哪一个更为重视些？

你能否在奋斗之中发现目标能否有结果？

如果你大功告成了，你会有什么样的想法及感受？

如果你的美梦成真，是否会热心于公益事业呢？

……

这些问题，你都应该清楚明白地回答。

第五，列表写出你达到目标的各种有利因素：个性、性格、兴趣、爱好、朋友、亲人、财产、学历、时间、能力……越详尽越好。

第六，想一想上述你的有利条件中，哪一项你能驾轻就熟地运用自如。还有，不妨回忆一下你最近的所作所为，哪一件事最为成功？原因是什么？用笔记下来。

第七，根据你的目标，写出你要达成目标所必须具备的素质、能力、条件等。这些都是成功者本身应具备的特质，当然包括个性、信仰、价值观、信念、言谈举止之类的各个方面。你要把自己设想为成功者，想一想你该具备哪些条件。

第八，找出限制目标实现的阻碍。这些阻止你向目标迈进的原因是什么呢？比如：性格上的缺陷，情感上的执着或者过于轻浮，做事缺乏头脑，没有计划，拿得起、放不下又或者是不敢尝试……

创富密码

这些阻止你前进步伐的绊脚石，你必须看清楚，正视它们，并且努力去消除它们。

我们明确追求的目标和理由，也知道目标何在，需要什么样的条件，自己有哪些不利的条件。这样的话，我们就会有可能成功。而最终影响一切的还在于我们的做法。首先，必须有一个循序渐进的计划，也就是自己的蓝图。这跟盖房子一样，开工之前必须画好设计图、施工图，否则怎能盖起摩天大楼呢？

向自己的目标奋斗，最佳捷径在于向他人学习经验。想一想，哪一位成功人士值得你模仿效法。最好是以最终的成就开始往前推，在你目前的地位一点一滴地创出所要做的事来。例如：

你若想发财，先得看一看某位有钱人的成功经历——他在做公司的老总之前是干什么呢？部门主管。主管之前呢？职员或者某方面的负责人……就这样，一步一步往前逆推，直到他这位有钱人像你这个样子的时候。看一看他像你这样的时候在做什么？你就亦步亦趋地学着做：在银行开个账户，买一本致富秘籍，拼命工作，节俭……同理，如果你想成为一个歌星，你该做什么？想当政治家又该做些什么？总之，不论你做什么，都要仿效他人制订计划，一步一个脚印地去完成。

当然，对于那些阻碍着你的"绊脚石"，你可以一脚踢开，也可以将之一脚踩平。

第九，针对自己的目标，一步一步往回推地制定出实现它们的每一个步骤。

有一条需要特别注意的，那就是自问自己的第一步应该怎么走，怎样才会成功，而且，要脚踏实地，千万不要好高骛远。

第十，向成功人士学习经验，汲取他们的教训。这些人可以是古人，也可以是身边的人，你要记住他们在迈向成功的路上所取得的一切经验、教训。对你心中的模范人物，你要视之为知己，仿佛是他们在随时随地地提醒你该怎么办。即使你不认识他们，或者他们都作了古，你也要设想他们是你的领路人，是你的老师。

第十一，好好地计划每一天，并且将你的目标向多方面推进。所有的目标都必须对你的整个生活和全部的人生具有重大意义。

第十二，为自己营造一个良好的环境：一个理想的家庭，一个能激发创造力的工作环境。美梦是需要环境的培育的。

上述这十二条原则，足以让你制订出一个迈向成功的计划，使你的目标在心中清楚明白地展现出来。

人生有两种痛苦：一是努力向前的痛苦；一是后悔过去的痛苦。一个人如果不能好好地规划自己的人生，肯定只有备受痛苦的煎熬了。特别是当你抚今追昔之时，你若不曾有过努力，没有什么辛勤的工作，那么你就会后悔往事，让痛苦吞没自己，每一次检讨过去都会痛苦不堪的。但是，如果一个人有所追求，有所梦想，并且切切实实地努力奋斗，向自己的目标坚定不移地努力奋斗，那么，他就会获得人生的辉煌。

给自己一个梦想、一个目标吧！把它深藏于心，每天不断地提醒自己目标一定会实现的。为了这个目标，制订详细而周全的计划，不

创富密码

断地检验计划的执行情况，你就可以走向成功的顶峰。

有些目标需要较长的时间才能实现，有些则需要较短的时间。因此我们可以将自己的目标分为：

短期目标：那些能在几天或几周内完成的目标。

中期目标：用几周到一年左右的时间才能完成的目标。

长期目标：一年以上才能实现的目标。

有时我们也可以把短期目标当成中期和长期目标的必要步骤。例如虽然你想要得到100万美元，但你目前的资本只有1.85美元。这时你将自己的目标定在几周之内就要实现是不可能的。而如果你将自己的目标先定在一个比较少的数目上，而将100万作为长期目标，这样就比较实际了。保持对自己的信任感也是非常重要的。如果你不相信自己能够达到自己的目标，也许你就达不到它。如果你坚信自己定能实现自己的目标，你就会有可能实现。就像理查德·巴赫在他写的《幻觉》一书中曾经说过的那样："如果你不相信自己具有将其变成现实的能力，你就永远不会有真正的愿望。"也许你需要努力工作才能实现自己的目标，但你的目标没有必要让其他人相信与否。只有你对自己目标的坚定信心才是最重要的。

第四章
人生内在的财富

财富是精神力量和金钱意识累积的结果。这力量和意识犹如一把神奇的魔杖，助你接受一切理念，帮你制订完善的计划。付出的快乐和收获的快乐一样令人满足。

富裕你的心灵

如果我们想要获得物质上的富有，首先应该关注如何保持能够给我们带来理想结果的良好心态。拥有这种心态需要我们认识到精神本质，并领悟到我们与宇宙精神合一。这种领悟能够为我们带来可以使我们获得满足的一切，这是一种科学的、正确的思维方式。当我们成功地达到了这种精神状态，那么一切愿望的实现就如已经发生的事实一般，相对来说就会容易得多。当我们做到这些，就会发现"真理"使我们得以"自由"，使我们免于一切可能出现的不足和困境。

和谐和幸福是一种精神状态，并不取决于物质的占有，一切要用心去营造，收获的结果取决于良好的心态。生活拮据、内心富有的人要比拥有财富、内心贫穷的人幸福得多。

道格拉斯·杰拉尔德说："贫穷是许多家庭最大的秘密，也是世界的一半人口向另一半人口极力保守的秘密。"

如果你有10英镑的积蓄，虽然看起来很少，但在你贫困的时候它却能起到很大的作用，甚至是一个人走向未来自立之路的通行证。

我们不应就金钱本身来估量金钱的价值，我们更不应鼓励任何一个阶级贪婪地积累财富。但我们不得不承认金钱是生活的手段，是舒适生活的前提，是坚持诚实与自立的条件。

英国有一句格言说得非常的好："想要成功，必先求教于妻。"

男人的确掌握着缰绳，但通常都是女人告诉他们应该驶向何方。卢梭说："男人总是女人所造就的样子。"

帮助穷人的唯一奥秘在于使他们本身成为改善自身条件的人。

那些具有优秀的品质的人，都懂得如何正确使用金钱。谁想改变世界，谁就必须首先改变自己。节俭是精明的女儿、克制的姊妹和自由的母亲。挥霍财富的人很快就会破产。只有一分钱的胸怀，绝不可能得到两分钱的收获。要让一个债台高筑的人说真话，恐怕很难，因为谎言是躲在债务背后的幽灵。贫穷不仅剥夺一个人乐善好施的权利，而且使他在面对本可以通过种种德行来避免邪恶的诱惑时，变得无力抵抗。所以创富心理学家说："不要养成无限制地省钱存钱的坏习惯，过分节俭很可能使你养成贪婪的性格。"

因此我们可以得出这样的结论：对那些还在穷困中挣扎的穷困者来说，不管是个体还是一个群体，都没有被剥夺创富的机会。只要他们能够改变自己，就能过上一个享受充实富足的生活。他不会因为给自己改善一下生活而感到经济紧张，同样也不会因为老板剥削而拿很低的工资。作为一个群体来说，人们之所以还处在于一个贫穷的境地，可以说完全是因为他们没有学好致富心理学的缘故。如果他们有一个良好的致富心态，就会发现不同的历史时期有不同的致富机会，因为社会是不断发展变化的，我们的需求也相应地不断变化。所谓机会改变命运，不同的机会将人们推向不同的地方。也许今天的机会是在农业上，明天就在工业、商业上了。总之机会属于那些顺应历史潮流的人，永远不属于那些逆流而上的人。

创富密码

一个人不是因为富有而伟大，而是因为伟大而富有。那些收入较高的富翁们已经具备了获得财富和积累资本的能力，也基本上没有任何外在的因素能阻止他们去为自己创造财富。英国的塔尔弗尔德法官说："如果我被问到英国社会最缺少的东西是什么，我会说是阶级与阶级之间的融合，简单来说就是我们缺少同情。"同样地，我们创造财富的整个过程就是缺少融合。看看下面这个例子，我们就能明白这一点。

一个男人在酒馆里被人叫醒。

服务生对他说道："街道那头发生了火灾。"

那人说："烧到我家了？在快烧到我家之前，不要打扰我睡觉。"

一种相互间的普遍怀疑在增长，社会遭到了彻底的腐蚀和围攻。只有从光大博爱精神和真正的善行中，才能抑制这样的坏情况出现，这样社会的风气才能被净化。

心灵的富裕来自于对生活知足常乐的平常心，一个和睦的家庭，一个简单而温馨的小屋，平淡安乐地过着如水般的日子。

肉体使人存在，而精神使人永生，因此人的任何生命活动或内心憧憬都将通过精神得到满足。金钱与利益只能让我们满足于一时，只在环境的层面上对我们的生活有所影响。而当人的精神与"无限力量"合二为一，就可以带给很多。金钱的最终目的只是为了服务于人，当你能够以这种开阔的思想去看待财富时，你的思想与财富源头就会被开启。到时你就能体会到精神疗法的美妙了。

心灵的富裕来自于身体健康强壮和包含的精神。精神就像计算机二进制中的"1"，其余的均为"0"，只有"1"的存在这些"0"才富有意义，才能演绎出绚烂的人生。

　　高山不语自巍峨，大海无言自广博。富裕的心灵就像高山和大海。

把自己想象成百万富翁

人们一辈子都在期待幸福，可很多人的人生却充满了不幸、无助和孤独。人们总是认为那些美好的事物不属于自己而属于别人，并为此而哀伤懊恼。其实正是这种思维方式和心灵关注点限制了他们获得期待的东西，使得他们一生一世只能为一些无关痛痒的事物而辛苦劳累，而最终还一无所得。

差不多一个半世纪前，马尔萨斯提出了他那条著名的理论：人口是以几何倍数的方式增长的，而生存方式仅以算术倍数在扩张，也就是说人口增长的速度远远超过生存方式的增加。他预计在不久的将来，如果不对人口增长加以控制，人们将会因为缺少生存资源而饿死。

而今人口数量已经增长到临近他担心的界点了，又怎么样了呢？我们的人口饱和度远远超过了他的时代！高科技时代的到来，让一切都有了新的可能，我们不仅在新的运输方式下开拓了新的领域，而且在现有领域的收益也极大地增加了。今天，阿尔伯瑞切特又极具"前瞻"地指出，到2227年世界人口将达到80亿，那时地球将没法养活这么多的人，而且因为缺少食物，只能眼睁睁地看着一些人饿死。

这些经济学家的见识是很短浅的，他们的思维完全束缚在毫厘的计算里，而没法走得更远。《纽约先驱论坛》发表评论文章称："到

那时（2227年），人们或许只得从阳光中获取粮食，从空气中获取粮食，从地球村的自转中获取粮食！人们关于未来唯一安全的预计就是他们再不需要考虑和设置人类界限，以求与自然的协调发展了。"

五千年来，人们都用砖来建造房屋，不论是工具的使用还是工作的方式，在这段时间都从未发生任何改变。

弗兰克·吉尔布瑞斯研究了包括铺砖在内的运作方式，将它们从18块降至5块，还使砖产量从每小时120块增加到了350块。的确是个很简单的方法，但人们花了整整五千年，才想出这么简单的解决办法。

人生最重要的事，莫过于学会让自己一辈子生活在无限的富足中。就像铁笼中的雄鹰徒劳地期盼自由，大多数人也无力突破捆住自己观念的枷锁，而将自己的思维局限在贫乏的思想中。少数的聪明人认为自己理所当然地应当得到世间所有的富足、庄严和神圣，创造力是他们精神世界的核心，就像呼吸空气一样，创造人生对他们来说也是一种本能。他们自信、勇敢和无所畏惧地追求幸福的脚步，永远不会被怀疑、畏缩、懦弱和缺乏信心而停下。在他们眼里，无限的资源平等地属于每个人，能满足每个人的需要。他们身上这种丰富、积极的精神，正是他们创造力的真谛。

对于那些尚未入门的人，那些不了解人类内心活动原理的人，这些做法也许看似不切实际。

六个步骤来自安德鲁·卡耐基，不过如果告诉那些认识不到这六个步骤的重要性的人，那么或许对他们有所帮助。因为卡耐基本人尽管出身贫贱，曾是钢铁厂的一名普通劳动者，但他正是利用这些原理

为自己创造了数百万美元的财富。

如果告诉他们在此提出的六个步骤曾接受过爱迪生的悉心检验，那么他们会更受启发。爱迪生认为这六个步骤不仅是积累财富的必经之路，同样也适用于任何目标的实现。

这些步骤不需要付出"艰苦劳动"，不需要作出牺牲，也不会让你显得荒唐可笑、妄自尊大。但是成功地运用这六个步骤，需要足够的努力和坚持，你必须明白金钱的积累不能靠偶然和运气。

一个人必须认识到，要得到巨大的财富，必须首先拥有梦想、希望、愿望、欲望和计划。

读到这里你一定明白了，如果没有对金钱的强烈欲望，并且真正相信自己能够拥有财富，那么你永远不会得到它。

如果你不能想象财富就在眼前，那么大笔财富永远不可能流入你的银行卡里。

人的生命在时间的长河里就像流星一样短暂，所以生命是宝贵的。在这短暂而又丰富的人生中，我们既要享受多彩的人生，又要承担足够的痛苦和忧虑；不仅要面对成功和鲜花，也要面对失败和挫折。一个人不可能因劳累而死，但很容易因忧虑而死，出现过劳死很多是因为精神压力，而并非身体的机能跟不上。面对忧虑我们应如何抉择？卡耐基探究了产生忧虑的原因，再结合自己数十年的成人教育经验，总结出消除忧虑的具体方案。他的这一研究能够帮助人们身心健康地投入积极向上的生活和事业，开创属于自己的人生。

有志者必定成功，没有什么是不可能的，也没有什么是做不到

的，只有不敢想和不愿去做的。华盛顿则在其从政生涯里体现了他对于合乎道德要求的决心和执着，拿破仑在其英勇的一生中表现出了强大而富有韧性的意志力。但一般来说，当一个人完全受意志力的支配后，他就感觉不到欲望、情绪和感官等力量的存在了，意志力可能会完全地根据道德伦理的标准来采取行动；或者完全将道德问题搁在一边，不去理会道德的要求，而根据其他某种因素来采取行动，这对我们的致富将是一个致命的打击。

当我们身上只有最后一块钱时，仍像身上有几块钱时那样把它花掉，我们就接触到财富法则的一点儿边了。有句话说得好："从容成就富足，执拗助长贫困。"

我们要相信真正的幸福之日注定即将到来。到那一天，每个男人都像国王，每个女人都像王后，享受着生活的高贵和荣誉。当人类的大脑继续由低级向高级进化，当人类身上的兽性渐渐被文明教化所取代，我们就不再是贫穷、劳役和罪恶的奴隶。只要我们这些现在仍然在忧伤的人们，能超越自己的心理极限，努力达到精神世界的最高标准时，就能迎来那个崭新的时代。如果我们仍然不肯回归自省，不肯回应内在的神性，那些美好的期待就注定是浮光掠影、镜花水月。在这样的情况下我们就要牢记以下创富要点：

一、富足如清泉，吝啬、怯懦、干涸的心灵与它无关，只有具有慷慨、开放的精神的人才会给人类带来富足。

二、一个人的精神高度，决定了他能达到的高度，也就是能获得什么程度。

三、努力让自己的念头远离贫穷、匮乏，开放自己的精神世界，让自己的心灵里始终占据着富足、充实的人生观。

四、当我们充分意识到这个世界是富足的时候，我们就已经能够获得新生了。

让自己变得富足

在创富的过程中我们如何才能使自己变富有呢？这就需要增强我们内心的各种创富能量。如果我们软弱无力也就无法帮助别人，如果我们希望对他人有所帮助，首先自己要拥有能量，而想拥有这种能量必须先让自己变得富有。

亨利说过："我是自己命运的主宰者，是自己灵魂的统帅"。让我们记住他的话，大声告诉自己："我们是自己命运的主宰者，是自己灵魂的统帅，因为我们有能力控制自己的思想。"他告诉我们支配行为的意念让大脑发生"磁化"，这些"磁石"以一种不为我们所知的方式将我们引向与我们的意念一致的力量、人和环境。他告诉我们在积累大笔财富之前，必须用取得财富的强烈欲望磁化我们的头脑，必须用"金钱意识"武装自己，直到对金钱的欲望驱使我们制订出取得金钱的明确计划。

你过去或现在的情况并不重要，将来想要获得什么成就才最重要。除非你对未来有理想，否则做不出什么大事来。

目标是对于所期望成就的事业的真正决心。目标比幻想好得多，因为它可以实现。

没有目标，不可能发生任何事情，也不可能采取任何步骤。如果一个人没有目标，就只能在人生的旅途上徘徊，永远到不了任何地

方。

正如空气对于生命一样，目标对于成功也有绝对的必要。如果没有空气，没有人能够生存；如果没有目标，没有任何人能成功。所以对你想去的地方先要有个清楚的认识才好。

请你再读一遍下面的话，并牢记在心："你过去或现在的情况并不重要，将来想要获得什么成就才最重要。"

进步的企业或组织都会有10年至15年的长期目标。经理人员时常问自己："我们希望公司在10年后是什么样呢？"然后根据这个来规划应有的各项努力。新的工厂并不是为了适合今天的需求，而是满足5年、10年以后的需求。各研究部门也是针对10年或10年以后的产品进行研究。

人们都可以从很有前途的生意里学到：我们应该计划10年以后的事。如果你希望10年以后变成怎样，现在就必须变成怎样，这是一种很严肃的想法。就像没有计划的生意将会变质（如果还能存在的话），没有生命目标的人也会变成另一个人。因为没有了目标，我们根本无法成长。

像那些进步的公司那样，自己要有计划。从某个角度来看，人也是一种商业单位。你的才干就是你的商品，你必须发展自己的特殊产品，以便换取最高的价值。下面首先让我们制定一个简单的10年规划，在看过之后你的感受是如何呢？

10年以后的工作方面：

我想达到哪一种收入水准？

我想要寻求哪一种程度的责任?

我想要拥有多大的权力?

我希望从工作中获得多大的威望?

10年以后的家庭方面:

我希望我的家庭达到哪一种生活水准?

我想要住进哪一类的房子?

我喜欢哪一种旅游活动?

我希望如何抚养我的小孩?

10年以后的社交方面:

我想拥有哪种朋友呢?

我想参加哪种社团呢?

我希望取得哪些社区的领导职位呢?

我希望参加哪些社会活动呢?

在你计划你的未来时,不要害怕画蓝图。现代的人是用幻想的大小来衡量一个人的。一个人的成就多少比他原先的理想要小一点,所以计划你的未来时,眼光要远大才好。

你的工作、家庭与社交三方面是紧密相连的,每方面都跟致富有关,但是影响最大的是你的工作。几千年以前,山顶洞人之中最受同伴敬重的,是那个最成功的猎人。原理永远不会改变。我们家庭的生活水准、我们社交中的名望,大部分是以我们的工作表现所决定的。

成功的计划可以为你的行动提供指导,可以确认你的风险和机会,改善你的内部管理,增强竞争力。

策划，简单地说，是"出谋划策"的意思，英文叫"SP"，是strategy和plan的缩写。策划既是科学，又是艺术；既是技术，又是文化，可以说是一门涉及许多学科的综合性科学与艺术，而其赖以建立的社会基础是人类的生产实践与社会斗争；没有竞争与斗争，没有实践，就无所谓真正的策划。

在我们这个时代，经济、社会都面临着转型，社会生产与生活已不再由政府规定，企业生产与经营须得靠自己的努力去开拓自己的领地，人们的生活需要无数丰富多彩的活动与经历来装点，因此，策划作为一门科学与艺术，作为一种新兴的产业，已处在推动时代与社会前进的前沿阵地上。

在社会经济较发达的西方国家，策划作为一种新兴的与知识经济相伴而生的产业，已较为成熟。美国人将策划叫作软科学，也叫咨询业、顾问业或信息服务、公关传播。美国诸多大型跨国公司如IBM、康柏、微软、波音、麦道等之所以能称霸世界，除其自身的实力之外，恐怕要算无数的策划公司所施展的无所不至、无所不通、无所不能的各种策划的功劳最大了。

成功的策划可以为你的行动提供指南与纲领，可以确认你的风险和机会，改善你的内部管理，增强竞争力。

策划的重要性是由于现代社会的特点决定的。现代社会是一个剧变的社会，世界上每时每刻都发生着变化。新的信息不断发布出来，新的知识、新的思想、新的技术、新的方法等如潮水般地向我们涌来，我们必须迅速地接受它们，分析它们，并及时地、有所选择地

运用到我们的事业和生活中去，这就需要策划；另一方面，大量的信息，给我们提供了取之不尽、用之不竭的精神生产资源，使我们的策划活动有无数的可开采的矿藏，大脑加工厂始终处于原料充足状态，必须开足马力，加紧策划。在知识经济时代，策划无疑是"知识"中最重要的，是一种资源，也是最活跃的生产力要素之一。

所以，现代社会中面对巨大的冲击和挑战，你必须具备较强的策划本领，找出自己的竞争优势，为自己的成功谋划方案，为明天做好准备，才不会在未来被淘汰。

在《竞争大未来》一书中，作者指出，美国一家电子资讯系统公司EDS，在1992年营业收入82亿美元，他们希望到2000年，营业收入达到250亿美元，因此展开了长达一年的企业策划工作，希望能找出EDS如何一直居于行业的领导地位的方案。最后他们策划出企业的未来策略是："全球化、资讯化、个人化"。根据这个策略，他们制定出了明确的行动方针，以确保他们的竞争优势。

诚如书中所言："不少有远见的企业已经在深思这样的问题：未来的竞争规划，会由抢先一步的竞争对手决定，还是由自己的观点决定？"

不仅企业如此，个人也如此。

1950年，哈佛商学院对毕业生做抽样调查，询问他们毕业10年后希望成为什么样的人？100%的人希望在商场上拥有财富、成就和影响力，但只有10%的人做好了策划，并写出了目标。

10年后，调查小组追踪这些受访者，发现当年那些为自己订下目

标、做好策划的人，他们所拥有的财富占全部受访者的96%。

成功属于那些做好策划的人。

策划也是做决策和解决问题的系统方法，能够应付各种突发状况，让你渡过难关，面对挑战。

很多人不做策划，究其原因为：

（1）对策划持否定态度，认为无效，浪费时间。

（2）走一步，算一步。今天不知明天，过了今天再说。

（3）对未来茫然无知，不知道方向、目标何在。

（4）不会做策划，不知道如何做，要领在哪里。

（5）只顾眼前，墨守成规，不希望改变。

这些人尚未了解策划的重要性。他们满足于现有的成就。将未来依赖在幸运和机会上，然而幸运和机会不会眷顾那些尚未做好准备的人。

管理大师德鲁克说："今天斩钉截铁的事，明天就成荒谬可笑的话题。"及早策划自己的明天是现代社会中追求自我实现的必备本领。

对于初搞策划的许多人来说，单纯靠自己经验的积累是很难成功的，学习、借鉴前人经验，然后依据具体需要、条件变化，随机地加以创新，才是"多快好省"之路。

激发内心的创富密码

金钱财富，就好比健康、成长、和谐及其他任何生活条件一样，必然受到规律的控制，任何人都必须遵从这个规律。许多人已经在不知不觉中遵从了这个规律，而另一些人则有意识地与之和谐相处。

人类不是命运的橄榄球赛，人已经变得比较强大，可以一定程度上控制命运和运气。

人人都渴望拥有的三样东西是：健康、财富和爱。它们值得每个人去追求和完善。其中健康无疑应该排在首位，因为如果肉体遭受折磨，精神还怎么可能保持愉悦？不是所有人都认为财富是必要的，但大家至少都承认充足的供应是必需的。另外，每个人标准不同，一个人觉得满足，另一个人可能认为还远远不够。事实上，大自然的供应不仅充足，而且是极其丰富、大方和奢华的。我们都知道，一切的不足和局限，都是人为分配方式不当造成的。

几乎所有人都承认，爱应该排在第三位。但有人可能认为爱是关乎人类幸福的头等大事。不管怎样，只要健康、财富和爱三者都拥有了，人也就别无所求了。

我们已经认识到，宇宙为所有人准备了满满的"健康""财富"和"爱"，而人与无限宇宙相联系的就是思考。正确的思考方式能够带你进入"至高无上的秘密神殿"。

那么，我们该如何思考呢？如果知道了答案，我们就能找到"梦想成真"的秘诀。当我把答案告诉你的时候，你可能会觉得它太过简单。不过，如果继续往下读，你会发现它就像一把"万能金匙"，或是一盏"阿拉丁神灯"。你会发现，它是获得幸福的基础条件、必要条件和绝对法则。

爱、健康与财富，也可以说一个人从呱呱坠地到寿终正寝，这一生孜孜不倦追求的无非就是这三件事。那些同时拥有健康、财富与爱的人，他们的"幸福之杯"已注满，再也加不进其他东西。

然而，根据经济学家的统计，地球上大约96％的财富都掌握在1％的人手中。原因是什么？难道是其他99％的人不够努力吗？世界上努力却没有成就的人很多；难道是其他99％的人不够幸运吗？也未必，很多幸运者今天成功了，很快却遭遇了失败；难道是其他99％的人不够聪明、缺乏才智吗？并不是这样，这个世界上有着大量的有才华的穷人。

究竟是什么原因导致那1％的人能够拥有96％的财富呢？这是有原因的。他们知道某些事情，他们明白这个秘密。

有许多种解释财富的说法，但这些解释的基本内容大体一致。财富包括一切具有交换价值、对人有用、令人愉悦的物品。财富的交换价值正是它的支配属性。

财富是一种媒介，因此它具有交换价值，财富不仅意味着我们拥有某种物品，同时，我们还可以用手中的财富换取更多自己想要的但原来不属于自己的东西。如果不能进行交换，财富就没有多大的价

值。

我们常言"勤劳致富"，由此可见，劳动是财富产生的原因，而财富是劳动的结果，财富是劳动的产物。

财富是手段，不是目的，是一条达到终点的途径。我们要学会驾驭财富，而不是被财富所驾驭。财富不是主人，而是仆人。让财富成为自己的主宰，自己服务于财富的做法是本末倒置。

财富是精神力量和金钱意识累积的结果。这力量和意识犹如一把神奇的魔杖，助你接受一切理念，帮你制订完善的计划。付出的快乐和收获的快乐一样令人满足。

现在，进入之前做练习的幽静之地，保持同样的姿势，放松心情，静静地描绘精神蓝图。那里有广厦万间、良田万顷、郁郁森林、亲朋好友等一切令人愉快的人、事、物。一开始，你可能会觉得这包罗万象的家园里没有你向往的一切，但只要坚持下去，天天练习，你迟早会描绘出自己的梦想蓝图。

财富自然是必不可少的，这种说法虽然显得有些市侩，一些人出于某种心理大概不会爽快地承认。但与丰富、阔绰等充足的供应相比，所有人都不堪忍受匮乏、拮据，因为选择好的东西是人的本能。如果你需要"财富"，那么你必须认识到，你内在的"自我"与宇宙精神合一，而宇宙精神就是全部的财富，它无所不在。这种认识将帮助你实现并运行引力法则，使你与那些能够使你走向成功的能量发生共振，并带给你与你宣称的目标绝对一致的能力与财富。

判断一个人是否成功的标准绝不仅仅是财富，决定一个人真正成

功与否的标准要看他是否有比积聚财富更为远大的理想。远大的理想要比任何财富都更有价值。

要想让自己成为事业成功的人，那么首先就要为自己树立一个让自己为之奋斗的理想。因为只有明确了目标，才知道自己的方向在哪里。心中有了个理想，你就能找到实现理想的途径和方法。

普仁提斯·马福尔德留给我们这样一句名言："成功的人也是那些有着最高的精神追求的人，一切巨大的财富都来源于这种超然而又真实的精神能量。"但不幸的是，有很多人不能正确认识这种能量，因为他们没有一个具体的、固定的追求目标，没有理想，他们浑身的力量不知该往哪使。

第四章 人生内在的财富

找到最适合的路

财富对于一个人的意义就在于，掌握了财富就拥有了一定的支配权，就可以改变一些人的命运。李兴浩觉得对于一个人的生活来说，几千万就可以了，但是像李兴浩这样穷过的人不会满足于一个人或一个家庭的丰衣足食。李兴浩会考虑更多的事情，毕竟现在还有很多人生活在最底层，如果有人来帮助他们，那么将是一件很伟大的事。

假如我们能改变自己的经济状况，那么其他方面的变化也会随之出现，所以我们应该去选择有意义的、健康的财富思维。通过正确使用选择这种伟大的力量，你肯定能让自己的财富状况发生变化。许多人都没有正确地使用这种力量，从而使得他们成为自己最不愿面对的那种东西的奴隶。

曾经有个青年人生活艰难，有很长一段时间他都没有工作。后来，他找到一份让人一点都不值得骄傲的工作。这个青年人已经结婚，并有了一个孩子，花销很大。但他只能昧着良心说："我不想挣大钱。"每一天，他都尽量节省几个钱存起来，以便他的孩子长大后有学费。他放弃去电影院，选择看街道放映的露天电影，因为这样他能节省不少钱；他买东西时，只选择最便宜的那种；他从不去好一点的饭店吃饭，因为那里的菜价贵；他也不能带家人外出度假，因为他没有钱。但他还是昧着良心说："我不想挣大钱。"

很多人处在贫困的边缘，因为他们"不想挣大钱"，既然不想自然是发不了财的。他们选择让自己继续在贫困中生活，而且怡然自得，但却没有意识到正是这一点阻碍了他们发财。他们没有意识到选择的巨大力量。从来没有人会因为生活节俭而被别人指责，所以很多人只能精打细算地过日子，否则他们的生活就没法过下去。这些人完全可以选择这种巨大的力量，他们本可以用生活中的那些美好的东西来充实自己，但最终却只能平庸地过一生。

我们每天都会听到有人在抱怨说："我很想买那件东西，但我却没有钱。""没有钱"可能是事实，但假如你继续说"没有钱"，那么"没有钱"将会伴你一生。选择一种上进的思想，例如"我得买下它，我要拥有它"。当要买下它、拥有它的思想出现在你的脑海时，你就逐步地建立了期待的想法，于是你的生活就会出现希望。千万不要毁掉自己的希望。假如你这样做，你很快会发现自己进入了一种无聊、困惑、失望的生活中去。

杰姆是一位十分能干的年轻人，任何事他都做得很成功，但他就是没赚到什么钱。人们都不明白这到底是怎么回事。杰姆长相不错，很有上进心，也很讨人喜欢，无奈他一年又一年的奋斗都是徒劳无功的，在金钱方面他没有收获。后来杰姆请求一位智者告诉他这是为什么，问题出在哪里。他问智者："我能做好任何事情，除了挣钱之外，我想改变不能赚钱这种情况。"

智者为他指点了迷津，当他明白出现在自己身上的问题其实很简单，只不过是自己对关于赚钱的思维选择不对的时候，他身上的这

种情况就改变了。他再也不说"我能做好任何事情，除了挣钱"，而是开始这样说："我能做好任何事情，当然也更能挣钱。"以后的几年里，年轻人的财务状况发生了明显的改变，他开始赚到钱，而且数目还不少。现在人们都认为他已经是个富翁了，这个年轻人本来很有可能终生面临一个困惑，即能做好任何事情却赚不到钱。当他明白这一切都是因为自己选择了错误的想法后，他立即积极地改变了这种想法，于是他的状况随之发生了变化，开始朝着有利的方向发展。选择的力量能够给人带来更好、更有效的赚钱方式。

我认为一个人要敢于接受生活的挑战，这种挑战可以充分地挖掘出你的创新能力，它不仅仅会给你带来财富，更重要的是它会给你来带来人生的快乐，它会让你拥有充实和精彩的生活。从各个方面吸取有益的东西，从而为你的生命提供源源不断的能量，让你去创造更多的财富。当你拥有财富后，你向生活输送得越多，你就发现自己的快乐也就越多。但如果只是一味地占有财富，即使你成了一个亿万富翁，你也不会感到快乐，你也算不上是一个成功的人。这就像蒙牛集团的牛根生说"财散人聚，人聚财散"，一个人在赢得权利和财富的同时，能始终与他人分享，他才能每天都过着有意义的生活，始终走在一条通向巨大财富的辉煌的道路上。所以一旦你实现了自己的梦想，你应当与天下的人共同分享你的物质财富。那时你的享受和收益将更多，你也才能够得到这个世界对你的最大回馈。

有时我老想，其实我们并不是不想成为百万富翁，而只是太想一夜之间成为百万富翁，这也许是我们最终不能成为"百万富翁"的真

创富密码

正原因。梦想的伟大在于它能成为现实，但在成为现实之前，需要做出努力。

成为百万富翁都需要做那些努力呢？

百万富翁之途是一个漫长而艰苦的马拉松比赛，只要你能跑完全程你就是一个胜利者。对于一般人来说，"百万富翁"的成长，具有长期性、忍耐性、挫折性和现实性，我想再次重复这个财富模式：1万元，每年30%的复利，17年多就是100万了。

心动不如行动，要成为百万富翁我们该有什么样的详细行动方案呢？可以从下面这几条建议中受到启发：

一、千方百计筹集创业资本：财富绝不是凭空就能得到，它需要原始资金。每个渴望成为"百万富翁"的人，特别是年轻人，必须为此早做准备，把你刚参加工作的微薄薪金积攒起来，让你的父母和朋友了解和理解你的创业计划并争取到他们的资金支持，尽量发现与你有同样创业精神的合伙人，并通过合作积累创业的起步资金。要抛弃今朝有酒今朝醉的及时行乐思想，不要被社会上形形色色的诱惑所迷惑，不要让自己的消费欲望无限制的膨胀，今天的忍耐和艰难会让你获得丰厚的双倍。因为你的明天会更好，你会因此而成为"百万富翁"！

二、为自己的创业资金找一条适合自己的投资途径，比如下面这种三种方式：

1.成立一个独资或合资的创业公司，可以做软件、创作、咨询甚至于家教之类的公司，或可以做点小买卖，积累一些商业经验。开动

脑筋，你就能发现商机，你还可以搞一些小餐馆、小花店、小书店等等，结合自己的专业和特长去创业吧！

2.在你具有了一定的知识和热情以后可多关注一下中国的证券市场，建立一个符合价值投资理念的、分散风险的、力图稳定收益的投资组合。这个市场的诱惑和魅力来源于其巨大的波动性，向上30%的盈利机会比比皆是，但向下30%的亏损风险也不少，在这个市场长期成功需要思考和成熟的心理状态，要想在这个市场淘金要先学习，刚进入这个市场的时候要控制投入的资金量给自己一个学习和适应的过程。

3.当你资金实力有了一定的基础以后可以考虑在房产上进行适量的投资，按揭购房的普及让我们距房产投资越来越近了，以后首付率会越降越低，可以先对这方面的信息和行情做充分的收集和调研。这里面有巨大的增值机会和杠杆效应：比如按10%的按揭首付，你只需用2万元的资金就可以支配和拥有20万元的房产，但这需要你有持续的支付能力，否则你将面临巨大的风险，这需要你有一定的分析判断能力以及相关的专业知识，也许现在你就该多学学这方面的知识，做好准备等待机会的来临。你一定要记住："机会只给那些有准备的人。"

创业之路有很多条，我们只需要找到其中最适合自己的一条，就能取得巨大的成功。正所谓"条条大道通罗马"，去罗马不是就那一条路。

要有野心

人类是自己未来的建筑师。我们可强可弱，可富可贫；我们可以成就自己，也可以毁灭自己。这一切都取决于我们能否控制自己的意识和能否发掘自己的潜能。我们需要强大的内心力量、毫不动摇的信心，以及通过勤奋的工作和学习不断带来的进步。因此必须学会赋予自己强大的内心力量与意识的控制能力。我们必须拿出花费在吃喝玩乐、穿衣打扮上的金钱、时间和耐心，打磨自己的精神意志。经过在社会中的不断磨炼，才能够做到我们能想到的任何事情。

每个人到了明白金钱重要性的年龄，就会希望得到它，就会产生对金钱的强烈渴望。欲望不能带来财富，但是如果有一种欲望把对财富的欲望变成一种执着的追求，然后制定取得财富的明确方法和途径，并以坚定不移的信念做后盾，就一定能成功。

安东尼经营了一家服装公司，因为资金紧缺向一位朋友借了60万美元，承诺一年之后还清。

一年很快就过去了，安东尼的公司因资金周转困难，一时还不了借朋友的钱。安东尼想方设法，利用各种办法弄到了30万，可剩下的30万怎么办呢？还钱的日期越来越近了，安东尼的心情也越来越坏了。公司里有人出主意：干脆向朋友求个情，让他再宽限些时间吧。安东尼坚决地摇摇头，说这个时候还怎么能食言呢！还有人提建议：

不如先给你朋友开张空头支票，等账上有了钱再支付。安东尼大为恼火，严厉地批评了提出这个建议的人。最后，安东尼决定以自己的房子为抵押向银行贷款。可惜银行只肯贷26万，没办法安东尼一咬牙，便把房子以30万的低价出售，然后和家人暂时租房住。在承诺的时间之内，安东尼终于还清了朋友的欠款。

不久朋友打电话给安东尼，说周末想到他家聚聚，可没想到平时好客的安东尼竟一口回绝了。朋友很奇怪，在周末的时候开车去找他。当朋友终于找到安东尼的"新家"时，惊讶地说不出话来。当他得知这一切都是为了还自己的钱时，他感动不已。临走时，朋友诚恳地说，你这么讲信用，以后有事尽管找我。

这件事很快被朋友传开了，安东尼在自己的圈子里以信用良好而出了名。

过了两年，安东尼的生意因为意外陷入了危机。就在他实在支撑不下去时，很多朋友都主动向他伸出援手，很多朋友主动借钱给他。在这些朋友的帮助下，安东尼很快就渡过了危机，从此在事业上一帆风顺，一步一步地走向成功和辉煌。

每当有人问起安东尼的成功经验时，安东尼就会郑重地说："信用使我获得了成功。"

在生活中信用也是一笔财富，懂得珍惜它的人就会获得巨大的财富。

生活中有很多人标榜自己贫穷、工作忙还挣不到钱，好像自己真的脱离不了现在的生活圈子，不会为钱而放下自己手中的工作去从

创富密码

事自己想做的事。同样也有很多人非常恳切地想要提高自己的生活质量，然而却总是失败。他们之所以总是失败，就是因为他们有这样或那样的想法。他们的顾虑太多，不敢去行动，错失了发财致富的机会。还有就是大多数人，都有一个或多个仅仅够得上美好的愿望，但只有少数人能真正确定自己究竟想得到什么。你就属于后者，但是你忘记了一个无法坚持的愿望不仅易于改变，也是十分被动的。如果你不去行动，你很快就会失去这个愿望。其实在我们的生活中，不论有多少赞美贫穷的言论，我们都不得不承认这样一个事实：没有强大的财富作后盾，一个人无法过上真正幸福而美满的生活。

其实很少有人能够实现对巨额财富的占有，正因为如此在人生成功的顶峰上才有名声和荣耀。每个人都有一席之地，都能做出自己的成就，但最终只有极少的人能做到。在那里有财富和荣耀等着你，所以如果你想达到成功的顶峰，就要集中你的意思，不要让与其无关的琐事分散了你的注意力。你要用自己的意志和内在力量，不断提升自己在现实世界中的位置。

对于很多人来说，他们具有追求财富的野心，但他们总认为自己很穷，或是怀疑自己的能力，从而导致他们的行动和目标越来越远，最终只能收获失败。

他们的发展方向总是受意识的牵引。如果你追求的是贫穷、匮乏，那么你就会真的变成那样；反之，如果你想尽办法抵制它们，你就会向着富足靠近。

害怕盗贼入室行窃的家庭往往会吸引盗贼的光顾，而从不担心盗

贼的人家一般不会受到盗贼的骚扰。强盗不会袭击毫不畏惧的人，因为他们惧怕这种无所畏惧的精神。心怀恐惧的人总是招致攻击，胆小的人往往会被街上的狗追咬。

当今社会追求财富已成为最有魅力的时尚，那么这个社会就会不知不觉多出很多富翁，你也能成为其中的一员吗？那是一个遥远的梦吗？而事实上这个梦并不遥远，觉得很难达到是因为有时候很多人把成为所谓的"百万富翁"想得过于神秘。只要我们有一个长远的财富积累计划，并且有正确的战略再加上耐心和恒心，成为百万富翁并非不可能，而并不是某些人所说的，这是由运气决定的。下面是一些具体的思路：

实现"百万富翁"的财富积累计划并不困难。

一、目前的困境并不能阻止你的"百万富翁"的理想和行动，不要怪自己的运气总是太差，不要总怪自己没有一个好爸爸，也不要因为自己的囊中羞涩而失去创业的冲动和热情，"百万富翁"之路的起点是信心和勇气。

二、财富积累计划一定是一个长期的计划，不要有一夜暴富的想法，成功需要时间来催化，急功近利、简单地模仿"数字英雄们"的财富神话是不可取的，也不要相信买1000元的股票很快能炒到100万元，那和彩票中大奖的概率是一样小。你每年只需要执着于你的30%，时间会让你成功的。你需要调整自己的心理预期，保持良好的心态。不要对那些成功人士总是感到敬佩和羡慕，要多看看他们成功之前的长期艰苦创业的经历。

三、成功的条件除了时间就是稳定的收益，某一年的30%是很容易的，但长期的30%却是很困难的。这需要我们不断地学习，不管是做生意、投资理财，我们都要争取成为那个领域的专家，这是我们为了成功不得不付出的代价。

在通往"百万富翁"的道路上，我们反反复复地强调耐心和信心的重要性。下面谈一谈我们可能会遇到的陷阱和误区，或设想一下有什么东西会阻碍我们成为"百万富翁"。如果对这些困难或陷阱没有充分的心理准备，我们可能会产生畏难情绪，并最终放弃对财富的追求，但如果我们对可能出现的困难和挫折做好准备，那它们也就不会对我们造成多大的影响。

1."情绪化"误区。情绪化主要表现在两个方面：（1）被市场涨跌而牵引操作，没有自己有效的运用方法。许多投资者的实战操作方法非常简单，就是追涨杀跌，追求时间最短、效益最高，这是不切合实际的，如果在实战中没有有效地控制风险的策略方法，即使战术水平较高，最后也一定是亏钱。（2）没有理智，行为绝对化。很多朋友进行创业过程并不是根据实际的依据进行，而是根据"听说，好像，可能"来运作，并且即使是一些明显的逻辑错误，也照样犯。上述的情况主要是因为创业者缺乏一种适合自己，并且能够盈利的操作方法，不能不断改变而造成的。

2.缺乏对抗性心理。投资者的盈利一定是以一定的竞争优势为基础，或以其他投资者的亏损和失败为代价。投资者在进行投资活动时，不但要站在自己的立场上，还要站在对手的立场上多想想。但许

多投资者却容易幻想性地单向思维，从自身出发，而不从双方的角度同时来考虑不要轻视自己的竞争对手，不要满眼是机会和成功的诱惑，看不见一丝明显不利的因素。这种情况同样有情绪化的因素，在判断市场时经常失去自我，这也是派性思维在创业中的一个反映，在实际行动中分析时不能够灵活运用，经常被市场"玩耍的简单游戏"所迷惑。比如说那些能够轻而易举成功的事情一定是骗术，但很多投资者都会上当。

3.不要孤独闯天下。如果你是一个非常投入的创业者，最好你能有几个志同道合的朋友。任何事情都有当局者迷的特性，你可以经常与朋友进行交流，避免犯一些明显的错误。无论是采取自己的还是他人的意见，一定要以有力的根据为采取行为的前提。多一个朋友你就多一分机会，也多一分希望。

4."危机恐慌"的误区。要勇敢地面对危机，善于在危机中把握机会，对所有卷入危机的人来说，一旦不能安然度过危机，那么多年的努力就会毁于一旦。当人们突然变得悲观时，泡沫也会破灭。悲观情绪是一种自我实现的恶性循环，人们一旦悲观，事情也就会变得糟糕起来。事情越糟糕，人就会越悲观。这就形成了一个恶性循环。当最坏的时候发生的时候，你要学会用智慧的眼光看问题，不要让危机影响和动摇了你的信念和决心，那只不过是你创业之路上不得不付的学费而已。危机并不是世界末日，明天太阳照常升起。

创富密码

敢于追求财富

一个怀有远大的理想，带着自信与雄心追求财富的人，只有敢于亮出致富的大旗，敢于立刻开始致富的行动，才会走上富裕的道路。

当我们知道自己拥有财富，便会使用财富去改造或经营我们的生活。当我们了解身边的可用资源时，我们才会对它们加以运用。如果你从不知晓它们的存在，就不会懂得加以运用，那么对你而言这些事物的存在就没有意义。因此，假如我们无法意识到这种巨大精神财富真实地存在于我们身边，我们也不会利用它去为自己创造更有价值的东西。所以，如果你想得到精神的帮助，就要了解和运用它。

我们必须知道金钱并非是万能的，而素质却是解决一切问题的关键。远大集团总裁张跃根据自己的创业经历，在给白领和年轻的创业者的忠告中有这样一句话："人要追求财富，这是最安全的事情。通过自己非常诚实的、朴实的劳动，来实现自己的愿望，财富便是其中之一。追求财富，追求高品位的生活，这对自己和家人的生活安全非常重要。"

巴比伦富翁之一马松也曾这样说："一个人若能将他用不着的黄金和银子存在口袋里，将为他的家人带来益处，这也等于是在效忠他的国王。如果一个人在他的口袋里永远只留一丁点儿铜板，那就表明他对家人和国王漠不关心。至于那些完全没有积蓄甚至欠债的人，则

是对家人的残忍和对国王的不忠，而且他自己的内心也会遭受痛苦。因此任何盼望有所成就的人，其口袋里都必须有些富余的钱，这样他心里才可能去爱他的家人，并为国王效忠。"

从人类的历史来看，对金钱的合理追求都是高尚的行为。德国社会学家韦伯在解释为什么西方社会富人辈出时指出：正是在宗教改革后，新的教义告诉人们追求金钱是上帝的合理安排，因此人们开始把通过合理渠道和勤奋工作赚钱看成是上帝赋予的事业，亿万富翁也由此不断地涌现。财富对任何社会、任何个人都是重要的。财富是有益处的，它把人们从苦难中解脱出来，使他们走向文明与幸福，从而推动了人类社会的发展。

财富最重要的表现是它能够满足富翁们贡献社会的欲望。很难相信一个三餐都没有着落的人，会对这个社会有什么贡献。而那些亿万富翁们在自己享受生活的同时，还通过设立基金让其他人分享他们的快乐。

比尔·盖茨是世界首富，他设立的慈善基金价值数百亿美元，可以让很多没有钱的人继续上大学。盖茨通过智慧赚取财富，又把它回馈给社会，追求比金钱更重要的东西。

洛克菲勒家族在100多年的时间里，通过医学研究所、普通教育委员会、洛克菲勒基金会等慈善机构，捐赠了数十亿美元给学校、医院、研究所等。毫不夸张地说，在20世纪前50年的美国社会生活中，每一个新开拓的事业都深深地打上了洛克菲勒家族的烙印。

这就是富翁们对社会的贡献，这使他们有一种常人无法体会的成

创富密码

就感与幸福感。

我们不难发现在许多经济成功人士的身上是赚钱使他们感到快乐，这不在于他们的金钱增加了多少，而在于他们通过赚到的钱证明了自己的价值，这种满足感才是快乐的真正根源。这种满足感使他们在赚钱的时候，感觉是在从事一种事业，从而极大地激发了他们的创造性和幸福感。

创造性来自于财富欲望的驱使，这种从人们心里升起的、追求财富的欲望是人们开拓进取的源动力。因此，获得财富带来的幸福感源自做财富和金钱的主人，而不是奴隶。做主人便意味着你是一个真正意义上慷慨的人、一个正直而高尚的人，所以当你按照自己的意愿去统率、支配财富和金钱时，你的生活才会充满幸福。

如果你还没有财富，请审视自己的处境，仔细研究一下财富的价值和金钱的味道，把追求财富当作前进的动力。如果你把追求财富当作一种事业，就会站在一个更高的角度来看待它，也就更容易在生意场上取得成功，因为你已经获得创富的终极密码。

很难想象没有强烈的欲望和目标，台湾的施振荣能拥有令人羡慕的财富。

施振荣上中学时，他的外公认为当医生很稳定，而且收入也不错，便建议他报考医学院。施振荣却说："如果逼我读医，我就不参加高考。"他的心中一直有一个强烈的致富梦。中学毕业后，他开始销售来自美国的电脑产品，并且赚了很多钱。为了赚更多的钱，为了实现巨富梦，他自创品牌Acer。泛美鉴价公司鉴定宏基自有品牌Acer价

值48亿美元。1996年，美国《商业周刊》评选施振荣为全球最杰出的25位企业家之一。今天的Acer其价值更是数倍于当时的估价，成为国际知名的PC品牌。

施振荣成功的秘诀就是最大限度地拥有致富雄心。处在今天的社会中，作为普通人若想成为富人，没有一种强烈的财富欲望是不行的。有了欲望，还需要立刻行动，行动之后需要持之以恒的追求与努力。

创富密码

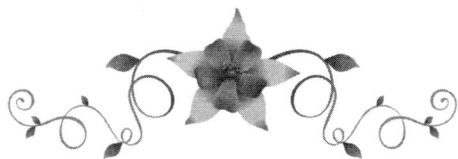

第五章
致富的信念

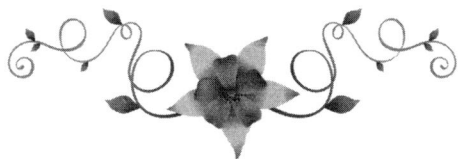

　　财富就在这里，你看到了吗？世界上所有的东西每天都在变化，但经过历史和岁月的考证之后，我们会发现：当我们活得越久，我们就会越确定人与人之间的最大的差异，也就是强与弱，伟大与渺小之间的差异性在于信念与决心，一旦立下目标，不达目标誓不回头，有不成功就成仁的信念和决心，具有这种品德那么世上没有不能完成的任务。

文明财富

如果人们具有先进的经济金融知识，具有致富的信念，并且朝着固定的目标不断前进，那么没有什么东西能够让他们成为穷人。

任何人，在任何时候，都可以按照这套方法去做，只要去做就能成为富人。当许多人都这样做的话，就能为其他人打开致富的通道。

要认识到财富是民族生存的根本，是国家繁荣的基石，是社会兴旺的源泉，是大众为之奋斗的终极目标！人们每天都在追求财富和创造财富，社会因财富的巨大积累而发展迅速，也越变越美丽。我们应该感谢财富，是财富构筑了社会，是财富养育了社会，财富永远是驱动人类进步的动力。

一个人致富的才能是受一个时代的文明所影响的，如果你能与这个时代的文明同步发展，你就会感到自己做什么事情都顺利，就如同你已经进入了财富的宝库里。这宝库给人的是无穷的羡慕和遐想……人们在竞争激烈的领域获得的财富越多，对别人来说也就越糟糕；而人们在创造性平台上获得的财富越多，对他人也就越好。在竞争性平台下，社会财富总量没有增加，一方之所得就是另一方之所失。而在创造性平台上，社会财富总量获得增加，其他人就可以从中获益。

要拯救广大民众于贫困之中，使他们富裕，需要认识到文明财富是一种全新的财富形式。对开始追求财富的人来说，文明财富更值得

享受，而且更安全和长久。

那么，什么是文明财富呢？所谓的文明财富，即如何发财、如何守财，它完全不同于我们所熟知的普通财富。文明财富是一笔很大的财富，争夺传统的"小财"是竞争，是很小的财富。《心灵鸡汤》的作者马克·维克托·汉森，说过一段有关文明财富的话：

你有创造巨大财富的潜力。

创造财富是门科学，是可教授且容易传递的技术。它使所有其他的技术更有价值、更有用、更有益。在这里工作量小，但收入很丰富。大多数人经历着贫穷，即使工作量大，收入却并不多。

几乎每个人都拥有潜在的数百万美元的财富，而他们之所以还没得到，是因为他们还没抓住机会。

你的观念里有可以发展为财富的种子。这些种子的形式可以是观点、产品、服务、发明、专利、歌曲、电影、电视节目、商标等。

最大限度地使用你的才智，你会更快乐、更健康、更有成就感，并且你所做的贡献将成为永久的丰碑。

每个人的DNA中都携带着解决问题的密码。

公平合理的利润是对所做服务的酬劳。

你需要适当地将更多的时间投入在潜在收入上。潜在的收入就是投入不要求回报的工作和努力，然后无限地获得收入。平时你要投入多少时间为自己或公司创造潜在收入？你拥有一个伟大而重要的梦想。要实现这个梦想，你需要一个团队，有了这个团队，你能创造出源源不断的潜在收入。

你是一个潜在的慈善家，你将致力于我们所说的永久性的慈善事业。

你本该有一种更成功、更富裕的生活方式，而且无须牺牲你现在拥有的珍贵东西，诸如你的价值、健康、思想观念、自由、你的朋友和家人。而当你牺牲这些东西，并意识到这些东西是十分珍贵的时候，就算后悔和伤心也太迟了。这里很多令人震惊的想法：如果你知道如何打开自己的财富宝库，那么你就能更快乐、更高尚、更友好、更自由以及更能够为人类做出贡献。

第五章　致富的信念

树立致富信念

致富是人生的一种权利。新经济时代创造了崭新的财富规则，在告别原始积累时代后，中国的亿万富翁将会更文明地涌现出来，他们的财富也会更加透明。

要知道他们致富的主要手段是靠他们本身的优秀素质！如今富豪们已经成为我们这个时代"成功者"的代名词，在你就要正式去揭开中国财富的心路历程及人生历程时，不妨先听听一个个成功的商人是如何重视信念在经商中的重要性，以及他们面对贫穷又是如何对待的故事。

汽车大王福特在成为富豪之前一无所有，但福特认为世界上没有"不可能"这回事，他也能成为富豪。他用蒸汽去推动他构想的机器，试了两年多都行不通，后来他在杂志上看到可以用汽油氧化之后形成的燃料代替照明煤气，这触发了他的想象力和创造欲望，于是他全心全意地投入到汽油机的研究工作中。

福特每一天都想着成功地制造一部汽车，他的信念被大发明家爱迪生所赏识，爱迪生邀请他当底特律爱迪生公司的工程师。

1892年，在福特29岁之时，他成功地制造出了第一台用汽油驱动的摩托车。1896年，也就是福特33岁的时候，世界上第一部用汽油驱动的汽车引擎面世了。从1908年开始，福特致力于推广汽车，用最低

创富密码

廉的价格，去吸引越来越多的消费者。今日的美国，每个家庭都有一部以上的汽车，而底特律一跃而成为美国的大工业城，更变为福特的财富之都。

不敢想就无法成功，人类所有的成就都是从想象开始的。从12岁的构想到33岁的实现，福特花了21年时间，在这敢想敢做的精神指导下铸造了他的汽车，最后成了美国的汽车大王。

"如果富人也能拥有福特那种丰富的想象力就太妙了！"爱默生曾感慨地这样说。

意大利的庞贝古城在公元79年火山爆发，全城被毁。在挖掘废墟的过程中，人们发现了一具紧紧攥着一把金子的遗体，这是英国的一个商人。他在临终时将一袋金币死死地握在手里，以此来减少死亡带给他的痛苦。

"哎，盲目而愚蠢的选择，
为了收集谷壳却丢掉谷粒，
拥有财富却成了守财奴，
贫穷的人反而得到了一切。"

追求财富不是某些人眼中堕落、庸俗的拜金行为，而是所有生命个体都具有的不可侵犯的权利，也是人们对更美好生活的追求。只有摆脱了生存压力的桎梏，生命个体才能最大限度地达到精神层面的自我实现。人生的权利从中得以最大程度的彰显，人类社会的进步有赖于此，生命的意义也体现于此。

人生就是这样，只要你还拥有这份信念，你就在道德上、精神

上、行为准则上有了明确的思路。它指导着你，给你安慰和鼓励，是你走向胜利的力量源泉。也许你生活在一个不完美的世界，但是成功并没有对你关上大门，在你内心的明灯的指引下，你可以找到自己的人生目标，走向你人生中的最高峰……

美国石油大王约翰·洛克菲勒是一个名副其实的亿万富翁。他开始的时候在纽约州的一个农场工作，每天工作12小时，非常的辛苦。他以坚忍不拔的毅力和吃苦耐劳的精神，成为美国的财富神话。在谈到积累巨额财富的经验时，洛克菲勒说他一生的基本原则有五个：

一、每个人都应该得到自己应得的钱，这是每个人的权利。

二、只购买你自己能偿付的东西，把债务看作首先要对付的恶魔。

三、只在你自己的能力范围内生活，不要抱怨命运不公，不要太嫉妒你邻居的运气比自己好。

四、对所有的花费票据都做好记录，年终时检查是否节约了足够的钱，节约钱是为了应付突发的事情。每个人都可以赚钱，但很少有人会存钱。

五、在严格审查自己的每个行为的前提下生活。

上述这些观点对"耻于言利"的部分中国人来说，无异于是一次洗脑。财富的积累会对人产生影响，它会使人变得可靠、自治而勤劳。斯迈尔斯说："大部分情况下，人的差别基于才智、行动与精力。最优秀的品格从来不会碰巧出现，而是在美德、节俭与深谋远虑的影响下形成的。"它不仅有利于我们树立更积极、健康的财富观和

创富密码

生活观，而且培养了人们主动、更久、健康的致富理念。

渴望财富没有过错！对财富的渴望实际上就是对美好生活的渴望，它是一种值得赞美的渴望。这种渴望带给我们一种坚定的信念，不断激励我们去创造财富，如果我们有了这一信念，我们就可以用心血浇灌出幸福的花朵。信念不仅是思想的产物，在伴随着我们的身心成长的时候，还能化为我们生命中密不可分的一部分！

只要我们有了这种信念，就会知道成为富豪的关键是要自己拥有坚定的自信心，只有你有了坚定的信念，你才能把握一次又一次的大好机会，成为别人眼中永远的幸运者和胜利者。比如希望集团的刘氏兄弟，他们之所以能够取得成功，就是坚定的信念让他们永不言败、一往无前，最终使得财富像源源不断地涌来。

绝大多数犹太人都信仰上帝。上帝在犹太人的生活中有着极其重要的作用，如果说上帝不存在，犹太人首先就会对自身的存在产生疑问。其实上帝存在与否并不重要，因为信仰造就了人们心目中的上帝，信仰使上帝真实存在。反过来，不信仰基督教，那么上帝就是不存在的。

犹太人信仰上帝，但却并不盲目。当有人热烈地要求信仰上帝并赞美上帝时，照样有人敢抗议说上帝没为犹太人干过什么，他不应获得这样的褒扬。

马克思曾经为犹太人画了一幅绝妙的肖像："现在让我们来观察一下现实的、世俗的犹太人……犹太人的世俗基础是什么呢？实际需要，自私自利。他们的世俗上帝是什么呢？金钱。犹太人的世俗偶像

是什么呢？做生意。"

犹太民族是个幽默而机智的民族，他们满嘴都是精明而风趣的笑话，他们调侃上帝但却从不拿金钱开玩笑。

有一次，劳布找格林借钱。

"格林，我眼下手头拮据，能借我一万先令吗？"

"亲爱的劳布，当然可以。"

"那你要百分之几的利息？"

"9。"

"9！"劳布叫了起来，"你发疯了，你怎么向一个教友要9%的利息？如果被上帝听到，他会怎么想你呢？"

"上帝从天上看下来，9像个6。"

劳布只有苦笑。

犹太人可以用很随意的口气像谈论邻人一样谈论上帝，但他们对金钱永远都是极其认真和严肃的。因为金钱对犹太人而言是比天国的精神上帝更为实在的世俗上帝。对注重现世生活、必须靠钱生活的犹太人而言，金钱这个世俗上帝使他们的肉体得以生存，也只有在世俗上帝保证其肉体生存之后，他们才会膜拜精神上帝，追求更好的精神生活。

因此对犹太人而言金钱就是性命，钱在他们的生活中处于中心地位。他们隐藏着内心的苦楚和悲凉，精心侍奉着金钱这个世俗上帝。

于是犹太人把每一次迫害都当作是一次挑战，在困苦中艰难地寻找商机，四处为生意奔波，一直都把经商当作第一谋生的手段。在一

创富密码

次又一次的挑战中，犹太人获得了举世无双的商业智慧和令人赞叹的商业战绩。

再没有比腰包鼓鼓，或者银行里有存款、保险柜里存放着热门股票更能使人放心的了。无论那些对富人持批评态度的人怎样说，通过正当手段取得的金钱，的确能增强人的自信心。因为金钱能让你活得充实和满足，想想只要钱包里有一张支票，或几打现钞，你就可以周游世界或买任何钱能买到的东西。

第五章　致富的信念

创富信念的巨大力量

创富确实是一门科学，而且是一门像数学一样精确的学问。创富过程是靠特定的法则来控制的，一旦这些法则被人掌握，那就一定能创富。

我们已经知道内在的富足是实现外在富足的前提，它吸引着外在财富降临到你的身上。思考是精神所拥有的唯一活动，思想是思考的唯一产物。要想成功就必须始终把注意力放在创造性的层面上，而不是破坏性的层面上。富裕的获得正是依赖于对"富裕规律"的认知，你应该为自己创造所需要的东西，而不是从任何别人那里拿走任何东西。心智是富裕的创造者，而且是唯一的创造者。毫无疑问，任何事物，都是在我们已知它可以被创造出来并付诸努力后，才被创造出来的。当今世界，并不是比从前多了"电"这种东西，只是有人发现了它的规律，并使之服务于人，我们才从中获益。如今，人们掌握了电的规律，全世界才被电照亮。"富裕规律"也是如此，只有那些认识了它、遵循它的规律办事的人，才能享受它带来的好处。对"富裕规律"的认知发展除了某些与之契合的精神品质和道德品质，其中包括勇气、忠诚、机敏、睿智、个性与建设等。在内心中确立了成功真正必备的素质，也就确立了自信和胜利的基础，有了这些保障，成功很快就会到来。

它所改造的世界，对于几十年前的人来说是绝对想象不到的。既然我们50年前无法预知掌握的思想能够给社会带来什么变化，那么在接下来的50年里还将会发生什么样的事情同样是无法预测的！思想是借助吸引力法则运行的一种能量，它最终的体现就是人们生活中的丰裕和富足。

　　富裕和贫穷是一对仇敌，富足的想法只对那些想要富裕之人的意念产生回应。人获得财富与他的内在相一致，外在富足源于内在的宝贵，内在的富足吸引着外在财富的降临，从而将贫穷拒之门外。人类拥有的真正财富就是他的生产能力。这种能力使他在不断地付出时收获到很多，付出的越多，收获的也就越多。

　　一个人如果在他正进行的工作中投入的是全部，那么他的成功将是巨大的。人体就像一部复杂的机器，总在不停地运转，需要辞旧更新。个人肉体的生存、行动，需要靠空气来维持，我们必须靠呼吸空气中的氧气才能活着。人的精神的生存、行动也像肉体的生存一样，需要吸收一种更为微妙的能量，才能延续下来。

　　事实上，各处的穷人和富人都是比邻而居，甚至会从事同一种职业。住在一样的地方并从事一样工作的两个人会有穷富之分，这就证明创富与环境无关。有些地方的环境确实比较优越，但如果工作和居住地都一样的两个人仍然有富有穷。进一步来说，很多有才能的人在受穷，而一些没有才能的人却过得很富有。

　　这说明创富不能只看能力，而要看一个能否按照既定的法则行事。

对富人进行研究后，我们发现他们各方面都很一般，天赋和能力并不比穷人高出多少，这表明他们不是靠能力和天赋创富，而正是按照某种特定的创富法则来实现财富的获得的。

金钱和资产都可按照既定法则获取，只要按照法则行事，就算你不想发财，大量的钱财也会到达你的身边；反之不管工作多努力、能力多强，如果行事不遵循创富法则，也仍然无法获得大量的财富。

下面的事实可以证明上述观点：

1.创富与环境无关。因为如果这是实情，那么住在同一个地区的人肯定要富都富，要穷都穷。也就是说住在城市里的人都会很富有，而住在乡村的人都很贫穷；或者在某个州的人都很富，而另一个州的人却很穷。

2.财富不是省出来的。很多吝啬的人很穷，很拮据地过日子还是觉得钱不够花；很多花钱大手大脚的人却很富有，似乎有花不完的钱，因为他们挣钱的速度比花钱的速度更快。

3.创富与职业选择无关。各行各业的人都能创富，但富翁的邻居虽然跟他从事相同的职业，却仍然一贫如洗。职业相同的两个人，所做的事几乎相同，但还是有一个人能创富，而另一个人仍然受穷甚至破产。因为创富的人做到了破产的人所没有做到的事。实际上如果能从事自己喜欢的职业，那么你将有机会做到最好。如果你有特殊的才能，那么你将在需要这一才能的领域中大放异彩。此外，如果从事适合所在地环境的事业，你将能做出更好的成绩。比方说，在美国西北部经营鲑鱼捕捞生意，肯定比在佛罗里达州做得好，因为那里根本没

创富密码

有鲑鱼；在气候温暖的地方卖冰激凌，肯定和你从事同一行业的人都发财了，而你没有，那你一定是丢掉了商机。

4.缺乏资金并不能阻止人创富。很显然如果你有资金，那么赚钱会变得更容易，也会更快。但已经拥有资金的人本身就是有钱人，所以他不需要再研究如何创富。那么穷人就无法致富了吗？当然并不是，只要你能按照某个特定的法则行事，就能成功创富，也将很快拥有资金。获取资金是创富过程的一部分，也是按照特定法则行事后必然能够收获的结果。也许，你既没有朋友，也没有影响力，更没有资源。也许你是全国最穷、欠债最多的人。但如果你按照这个特定的法则行事，就一定能创富，因为你要相信"因果法则"。如果你所在的地理位置不好，那就去其他地方。如果你没有资金，那就去获取资金。但只要按照特定法则行事，你也可以在目前的地方和目前的职业上做出成就。

从上述事实我们可以得出一个结论：创富是按照某些既定法则行事的结果。

如果真是按照既定法则行事的结果，而且如果真的"有因必有果"，那么可以说任何人只要按照这一法则行事就一定能创富。但有人会问既然这个法则不难，那为什么财富只是掌握在少数人手中呢？因为少数人懂得坚持和创新。正如我们可以看到：天才能创富，傻瓜也能创富；聪明的人能创富，愚昧的人也能创富；身体强壮的人能创富，体弱多病的人也能创富。

当然，具有一定程度的思考和理解能力也是必要的，不过单考虑

第五章　致富的信念

个人能力方面，只要能阅读并理解本书的人都可以创富。此外，我们已经知道创富与环境无关，但是这个环境指的并不是商业环境。

创富过程中与人交易是必需的，而且你要专心于有人跟你交易的地方。如果双方的交易方式相同，那就很好办，然而环境对创富的影响也就仅止于此了。

如果你生活的地方有人成功创富，那你也能；如果你生活的国家有富翁，那你也能变成富翁。

创富密码

创富的态度

理解物质文明财富的关键点就是财富不仅仅是物质的，而且还是精神的，换言之就是我们可以把财富分为精神财富和物质财富两类，这里把它定义为物质财富。从古至今，无论中方西方，物质财富与生命之间上演的故事，冲突多于和平，悲剧多于喜剧。而在这些"戏剧"中，金钱扮演的大都是阴谋家或刽子手的角色，金钱险恶、凶猛、残暴，很少听到金钱干了什么好事，很多时候它都是一个让我们不屑的角色。

生命就是一种表达，是一种和谐而富有建设性地表达自己的过程，是我们分内的事，所以我们无权轻视自己和他人的生命。因此在心理创富的过程中，我们也就要竭力关注哪些如何消除悲伤、痛苦、不幸、疾病和穷困这些东西，以此能够帮助大家重新找回快乐、享受、幸福、健康、财富，这是我们想做并且有能力做到的事情。

讲到这些原则之前，我们认为你应该看看下面这段话。

当财富到来的时候，是毫无预兆的，而且多到超过你的想象，这不仅使人怀疑过去那些一贫如洗的日子里。这个说法让人惊诧，尤其是想到人们常说的只有努力工作、持之以恒的人才能致富时，更感觉诧异。

开始用思考的方法致富时，你会发现致富的开始是一种心态，

它有一个明确的目的，而无须辛苦的工作。你和所有的人一定都想知道，如何才能拥有吸引财富的那种心态。我花了很多年来研究这一点，因为我也想知道"你是如何发财的"。掌握了这一理念的原则后，仔细观察，并且开始按照要求运用这些原则，你的经济状况就会改善，你所做的一切就会朝着有利于你的方向发展。

你会说那不可能，但事实是完全可能。

人性的一个主要弱点就是经常说"不可能"这三个字。人知道哪些法则不奏效，也知道哪些事情做不到。

当亨利·福特决定制造著名的V8汽车时，打算造一台八缸的引擎，并让工程师进行设计。但是，设计图绘制出来后，工程师们一致认为不可能在一个引擎内放置八个缸。

福特说："无论如何也要开发出来，要想办法！"

工程师们回答道："这不可能！"

"尽管去做，"福特命令他们，"不管花多少时间，一定要做出来。"

工程师们开始工作了，对他们来说如果还想在福特公司干下去，就只能按照老板的吩咐做。六个月过去了，研发毫无进展。又过了六个月，工程师们还是一筹莫展。工程师们尝试了能够想到的每一种方案，但最后又都自我否定了，也就是说"不可能"完成这件事了。年底的时候，福特来检查他们的工作，他们还是告诉他根本无法完成这个任务。

"接着做，"福特说，"我想要这样的引擎，就一定要拥有

它。"

他们只好继续，功夫不负有心人，他们终于发现了解决难题的方法。

福特的决心再一次获胜了！虽然这个故事的细节不够详尽，但其大意和精髓已经明白无误了。希望思考致富的人，不难从这个故事中发现福特成为百万富翁的秘密。亨利·福特获得了成功，因为他懂得运用成功的原则，那就是要有必胜的欲望：知道自己需要的是什么。读本书的时候，请记住福特的这个故事。如果时时能够领会使福特致富的具体原则，那么你就能在自己的领域里取得巨大的成就。

人性的另一个弱点，就是习惯于用自己的印象和观念评价所有的人和事。有的人会认为自己无法实现思考致富，因为他们认为自己的思维习惯已经淹没在贫穷、不幸、失败和挫折中。

这些不幸的人让我想起一位到美国接受美式教育的中国人，他在芝加哥大学求学。有一天，哈勃校长在校园里遇到这个年轻人，便停下来和他闲聊。

校长问他美国人给他留下的最深刻印象是什么。

这个学生答道："嗯，是你们的偏见，你们总是歧视一些人！"

对这种看法，我们该作何反应？我们不愿承认自己不懂的事物。我们愚蠢地认为自己的局限都是合情合理的，当然别人的眼睛也有偏差，因为他们也和我们不同。

在心理学家看来，在创富的过程中心理失调是很严重的问题。这些极具毁灭性的情感，如焦虑、仇恨、嫉妒、愤怒、贪婪、自私等，

都是我们创造财富的巨大障碍。一个人受到这些情感的困扰时，就不可能将他的工作做得最好。这就好像一块有精密机械装置的手表，其轴承发生摩擦就走不准，要使这块手表走得很准，那就必须精心地爱护它。每一个齿轮、每一个轮牙、每一根轴承都必须运转良好，因为任何一个零件出了问题，任何一个地方出现了摩擦，都将无法使手表走得很准。人体这架机器要比最精密的手表精密。在开始一天的工作之前，人这架机器也需要调整，也需要保持非常和谐的状态，正如在演出开始以前需要将手风琴调好一样。

洗衣店里的转筒洗衣机大家应该都见过，在它刚开始运转的时候声音极为颤抖，似乎洗衣机不堪重负一般，但是渐渐地随着转速的加快，它的声音变得越来越小，当它的转速达到最快时，这架机器的声音就更好了。这同我们人的心态一样，一旦达到了完美的平衡，什么事情就都不会乱。

写到这里我不由得想起了一位富翁给我讲过的一个故事。

某天晚上，一群强盗打劫了一家鞋店。开始的时候，这帮强盗小心翼翼地把所有的鞋从鞋盒里拿出来，整整齐齐地把空盒子放回架子上。他们离店时，鞋店和他们来时一模一样，只是鞋盒里所有的鞋都被偷光了。

第二天，鞋店经理和往常一样高高兴兴地来到鞋店，和所有的员工开了一个简单的销售会议。这时当天的第一个顾客光临了，经理让一个老牌销售员去招呼："比尔，去卖东西给那位太太！"

比尔走过去招呼道："早上好，夫人。把您的脚抬起来放这儿，

啊，多美的一双脚啊！我们有一些巴黎进口的新货，您穿起来一定好看！"他走到鞋架边，开始从鞋盒里拿鞋，"这双是……噢，对不起，不是这双。有一双是我专门留给我妻子的，保证适合您，您看，夫人……噢，夫人，对不起，请等一会儿，我马上就回来。"

他立刻跑到老板的办公室喊道："老板，出事了！"

"什么事？"

"老板，我们一双鞋都没有了！"

"'我们一双鞋都没有了'是什么意思？看看那些鞋盒子，我们有很多鞋。"

"老板，所有的鞋盒都是空的。"

鞋店被洗劫一空，可怜的老板还不知道是怎么回事，成千上万被"洗劫"的人也是这样，因为他们不知道"不运用则丧失"的原则。

在我们创富心理学中，我们的性格就像库存的货物，"不运用则丧失"。也就是说，如果我们在充满力量的时候不去创造财富，自然界赋予我们最伟大、最神奇的力量就会慢慢地丧失。同时也意味着如果我们不运用现在所拥有的一切，我们就会失去很多；如果我们运用它们，就会得到很多，也能够创造更多的财富。

所以在我们创富的过程中要培养起积极的人生态度，只有这样我们才可以使自己成为自己想要成为的任何一种人，因为在我们的身体里隐藏着所有的个人特征、怪癖、习惯和性格特点，而这些特点如果我们能够应用的好，就能尽自己最大的努力去创造一个自我，同时使自己的目标和创富意图充满创造性，而这种创造性又能和谐统一于我

们的整个心理过程中。如果我们做到了这一点，就能够在创业的道路上异军突起，创造出巨大的财富。

创富密码

信念创造财富

人的确需要一个坚强的信念，我记得石油大王洛克菲勒曾经说过："即便拿走我现在的一切，只要留给我信念，我就能在十年之内又夺回它。"虽然洛克菲勒并没有真的这么做，可我们却相信信念极大地影响着我们的生活。人，只要相信自己一定能成功，那成功就会随之而来。只要有了这种信心，成功就不会太遥远。

迟早有一天企业的雇主和雇员会发现信念的强大，危机和困难的发生通常是缺乏信念所导致的。经历了危机，各行各业的佼佼者会相继涌现。他们会以那些成功创富的人为榜样，学习他们的精神，并在各自的领域发扬光大，以从中获益。这些佼佼者可能是些无名之辈，或许他们正在一些名不见经传的小地方做钢铁工人、挖煤工或者汽车制造工。

毫无疑问企业需要做一番改革，经营企业需要信心与合作，而不是重压与恐吓。员工不再满足于拿工资吃饭，而是要与老板一样进行股票分红。但雇主首先应该学会付出，而不是以牺牲员工利益为代价，只想着自己怎么能赚到最多。

员工乐意跟随那些理解他们，并有一定处事原则的雇主。因此，对于雇主来说，只有满足员工所有的合理要求，才能得到雇员100%的努力和合作，在企业内部产生强大而持久的凝聚力。

第五章　致富的信念

然而当下我们所处的时代并未抓住这股力量的精髓。很多雇主将员工视为生产机器。员工被迫为那些只知道"收获"，不懂得"付出"的老板卖命。幸福与满足是未来人们的生活目标，一旦人们接受这种心理，企业生产就会面临困境。就当下的企业环境而言，人们根本没有自信能获得这种满足。

企业管理需要量信心与合作。在这里大家可以看看这样一个案例，了解商人的创富秘诀。读者一定会对此感兴趣，而且也能从中收益不少。

1900年，当时正是美国钢铁公司成立之初。

庞大的美国钢铁公司，开始只不过是查尔斯·施瓦尔的一个创意，他在这一想法中注入了信念。他制订了一个计划，将这一想法转化成了现实。他在大学俱乐部进行了一次著名的演说，将这一想法变成了行动。他有制胜的强烈欲望，在实现目标的过程中持之以恒，不达目的、誓不罢休。

如果你一直梦想着赚大钱，那么这个故事也许能给你一些启发。如果你不相信思考就能创富，那这个故事会消除你的疑虑，因为本书所述的致富原则正是美国钢铁公司的创富秘诀。

贫穷使人贪求自己所缺乏的一切。有一个乞丐曾得到财神爷的许诺，会在他的钱包中放下和他想象中一样多的金子，但是如果把金子掉到地上就会变成泥土。乞丐满心欢喜地打开钱包，他想要越来越多的金子，等到他的钱包都已经装不下了，他还在想着再来一些金子。所以后来金子掉到了地上，全都变成了不值钱的泥土。

汽船"中美洲"号就要沉没的时候，一名女乘务员搜集了特等客舱中一些客人的很多金币，并把它们绑在身上。当她想跳上最后一艘救生船时，却因为身体太重而沉入了大海。富兰克林曾说幸福是金钱买不回来的，金钱本来就不是幸福，而是用来创造幸福的。一个人拥有的越多，想要的就越多。

贪婪的人永远不会满足于银行里的些许存款，但无论他拥有多少财产，他也不会富有，因为他有一颗贫穷的心。穷人尽管钱财不多，但他拥有并统治着自己的整个内心世界，内心的满足感才应该是衡量一个人富有还是贫穷的标准。

有些人性格平易近人，家庭美满幸福，并且朋友众多；还有一些人总是性格温和，总能受到大家的喜爱，因为他们总为别人带去欢乐；有些人身体健康，心情愉快，性格灵巧多变，所以他们往往能克服那些常人无法战胜的困难。

事情往往是你相信会出现什么结果，就可能有什么结果。人的成就就不可能超出自己的想象，赚钱也是一样，所以我们一定要有致富的信念。中国自改革开放后，涌现出一批又一批的富豪，他们在成功以前也是普通人。但他们拥有敢想敢做的精神，拥有坚信自己能成为富豪的信念。我们要知道信念是人通向财富之路的明灯，世界上有许多富豪都拥有这种精神和信念。

戴尔·卡耐基出生于美国密苏里河一个贫穷的农家，卡耐基的童年和其他美国中西部农家的男孩一样，要做繁重的农活。年轻的卡耐基渴望学习，渴望受到教育。在他的坚持和努力下，卡耐基终于念

完了大学，并且选择了一条成功之路。成人教育这个职业使卡耐基声名远扬，他独创的方法使自己事业顺风顺水。美国卡耐基成人教育机构、国际卡耐基成人教育机构和它遍布世界的分支机构，多达1700余个。接受这种教育的，不仅有名星巨商，也有军政要人、内阁成员。甚至可以说，他影响了20世纪的几代人，被人尊称为20世纪最伟大的人生导师。

卡耐基并没有解决宇宙中深奥的秘密，但他却用源于常理的哲学影响和教育他人，给千百万个接受教育的人带来了利益和解决了烦恼。他以超人的智慧、严谨的思维，在道德、精神和行为准则上指导着万千读者，给他们以安慰与鼓励。卡耐基的著作是卡耐基成人教育实践的结晶，也是卡耐基哲学思想的集中体现，至今全球仍然畅销不衰，一版再版。这些书籍和卡耐基的成人教育教材相辅相成，一起奠定了他超高的地位。它的改变传统的成人教育方式，影响了很多人，也使卡耐基本人享誉世界。一个贫民之子富翁，同时还是世界名人。

所以我们说想要致富首先应具有致富的信念，相信自己一定能成功。看看中国的富豪，也正是他们具有这样坚定的信念才成为财富英雄的。他们的成功正验证了拿破仑·希尔的名言："我们怎样对待生活，生活就怎样对待我们；我们怎样对待别人，别人就怎样对待我们。"我们在一项任务中刚开始的心态，决定了最后能否成功，这比任何其他的因素都重要。记住这一点你就有了成为亿万富豪的条件。

"人人都能成为亿万富豪"并不是一句玩笑，因为只要我们有这样信念的指引，我们本人才能发挥出强大的潜力，我们就可以做出一

些一般人做不到的事，追求财富的道路也将变得更宽广，会在不知不觉中真的发了大财。

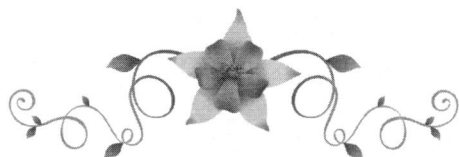

第六章
财富的积累

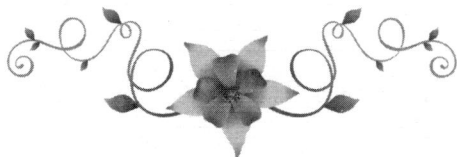

如果一个人没有创富、成长、发展的经历，他就可能永远也发现不了潜藏在自己体内的这些巨大潜能和美好品质。因此在这里财富的积聚与人格的完善是密切相关的，商业的本性就是诚实经营，它需要一个有健全人格和完美品质的经营者去对待变动之中的社会现实，去对待大千世界中形形色色的人。

财富的积累

没有人不渴望拥有财富，谁都渴望将来有一天可以对自己说："现在我再也不用为没钱担心了。"于是人们就设计了很多的计划与方案，试图用各种不同的方式找到致富的方法，但很多人的努力最终都没有换来成功。最后，很多人彻底丧失了信心，开始相信自己根本没有那种能力，不可能坐到那个令人羡慕甚至嫉妒的位置上。问题的关键是他们虽然尝试了各种各样的方法，但就是没有尝试改变自己的思维。改变思维是通向成功的唯一途径，所以当你长期处于困境之中的时候，一定要做出改变。

在经济领域中那些追求财富的人能否成功，也是其人生是否成功的评价标准。对个人来说：积聚财富的成功就意味着他的个人价值与社会价值的实现，这也是他感到最幸福的一件事。

心理学家马斯洛潜心研究人的各种需要，他把人的需要，按金字塔形式从低到高进行排列。在马斯洛看来，人只有在满足了自己的低级需要之后，那些高层次的需要才会出现。这种排列方法是有一定的合理性的。

人如果吃不饱，那么他活着的目标就是填饱自己的肚子，对饥饿者来说吃饱就是一种幸福。当人的温饱问题解决之后，他才会向更高一级的需要发展，最终把更多的能量投入到自我实现之中。事实上

人的需要逐次实现的过程，都可视为幸福的获得。由于时代的不断发展，人们的物质追求和精神追求在总体上不断提高，有着不同的特点和内容。

我们每个人的性格中都有优点和弱点，问题是你所强调的是自己的优点还是弱点？你靠什么来生存下去？如果偏向于弱点，你将会越来越弱。如果你强调的是优点，你将会越来越坚强和自信。这是个很明显的道理。

但是我们不能将自己的弱点与自我想象的弱点混为一谈。学习如何自我克服弱点是第一步。大多数有自卑感的人总是把注意的焦点放在自我身上，也就是将目光放在自己的弱点上。对不重要的事也以自我为中心来考虑，以为每个人都在注意这些事，其实并不是这样。

许多人经常找出自己性格上的小缺点，自认为这就是缺点，然后又费尽心机使自己相信，"这个弱点让自己不能成功"。要解决这个问题就必须先相信每个人都能成功、快乐和坚强，所以你必须决定你打算要突出哪一方面，这一决定权在于你自己。选择突出自己的长处和优点，自卑感便会慢慢消失，一种强而有力的能力和奋斗争取精神就会在你身上出现，你也会因此而走向成功。如果你总是自我评价很低，如果你总是贬低自己，几乎可以肯定别人会因为你的自卑而轻看你。人们通常不会费力去仔细思量你是否自我评价过低。

一个自我评价低的人绝不可能干成什么惊天动地的大事。一个人的成就绝不会超过他的期望，如果你期望自己能成就大事，如果你想干一番大事，如果你对自己的工作有更大的期望，那么与自我贬低和

创富密码

对自己要求不高的心态相比，你会获得更大的收获。如果你认为自己处于特别不利的境地，如果你认为你跟其他人不同，如果你认为自己不能获得别人那样的成就，如果你怀有这些想法，那么你根本就无法克服前进路途上的种种困难和束缚，因为这种思想意识使你根本无法成为你心中渴望的人物。

总是认为自己绝无可能取得任何重大成就的人，会给人们留下相应的印象，以至于别人不会把重担和重要的工作交给你。不断地自我贬损，总是把自己看得微不足道的人，总是认为自己不过是活在尘世上的一条可怜虫。

有些出身低微的人生活得非常不错，而我们自己的境况反不如他们，甚至更处境艰难。很多人往往认为是命运在帮他们，而在我们身上有某种东西总是在拖我们的后腿，但是实际上却是我们的思想和心态出了问题。

在自我实现的问题上由于人与人在认识水平、能力、理想抱负等方面的差异，使得自我实现的目标必然是不同的，不能一概而论。但是向着各自的目标，自我实现所承载的事业，则是每个人必然的努力方向。投身于自己所选定的事业，这既是通过奋斗去成就事业的过程，也是对人生的意义进行探索的过程。

因此对于财富追求者来说，财富的积聚过程既是他事业的成功，也是他追求健全人格的过程。如果一个人没有创富、成长、发展的经历，他就可能永远也发现不了潜藏在自己体内的这些巨大潜能和美好品质。因此在这里财富的积聚与人格的完善是密切相关的，商业的本

第六章　财富的积累

性就是诚实经营，它需要一个有健全人格和完美品质的经营者去对待变动之中的社会现实，去对待大千世界中形形色色的人。这就需要他具备热情、耐心而又周到的服务精神，勤恳、努力的工作作风，善于应付、处理各种繁杂事务的精明干练和敬业精神等。只有这样一切经济活动才能得以顺利开展，才能使他的创富事业顺利地前进。

财富的总量是与经营活动的业绩直接相关的。如果没有经营活动的成功，财富又怎能积聚起来，并慢慢形成一个庞大的数字呢？谁敢说石油大王洛克菲勒、钢铁大王卡耐基、汽车大王福特、电脑直销大王戴尔、微软总裁比尔·盖茨等一大批富豪不是成功者？他们的巨额财富难道不是其人品、精神和经营之道的心血结晶吗？更确切地说财富在这里已成为一种象征，这天文般的数字积累标志着他们个人事业所获得的巨大成功，标志着他们个人价值的充分实现。这才是一种最高境界的幸福。

也许有人会说他们的成功只代表个人创富意义和价值，因为他们没有对国家和社会做出什么贡献，其实这种认识是片面的。事实上，财富积聚本身就是一个长期经营的过程，其间的每一个经济行为和活动都对国家和社会做出了贡献。

单从税收的角度来讲就足以说明问题了，富人们在进行经营活动、拓展业务时，自己当然要从中获取利润，而获得的利润越多也就表明其营业数额越大，这些都意味着经营者要向国家缴纳的各种税费也会相应地增多。这完全是一种正比例上升的关系。换句话说你现在的财富越多，你向国家缴纳的税就越多，这是很简单的道理。因此从

这个意义说，积聚财富越多的人对国家和社会的贡献也就越大。

100多年前，有个聪明的人熟知蒸汽机的广泛用途，于是蒸汽和磨被他有机地结合起来。机器声依然像以往那样"隆隆"地吼叫着，可是这一回它使得这里开始向饥饿的纽约和英国提供面粉。厚厚的煤层自远古之前就一直被埋在地底下，直到有人用镐头和绞车把它从地下挖出来。从此，它作为一种能源被应用到各个领域，特别是方便了千家万户。我们称它为黑钻石，因为每一筐煤炭都蕴藏着能量。自从瓦特和斯蒂文森发现每半盎司煤炭即可把两吨货物牵引1英里后，以煤运煤的火车和轮船很快就把寒冷的加拿大变得像加尔各答一样温暖宜人，随之而来的便是当地工业实力的大幅度提升。

水果贩子把水果从南方运进北方时，其价值比留在树枝上、掉落在地上的那些要贵上100倍。商人的本领就是把货物从盛产之地运送到它稀缺的地方，实现供求的平衡。因此，商机就是看准人们需求什么。

通过正确运用这种选择的无穷力量，你一定能够很快地改善自己的经济的不良状况。不过遗憾的是，许多人根本不懂得如何正确地运用这种巨大的力量。

财富积累的脉络在日常生活当中清晰可见：当你打了一眼水井，它能供人们汲取大量清甜的水；当你拥有结实的屋顶，它能够抵挡风雨的侵袭；当你置备两套外衣，便可以在汗湿之后及时更换；当你有一日三餐充饥，有干柴可烧，有可读的图书，有干活的工具，有一匹马或一列火车载你去远方，甚至有一条船去航海，靠着这些工具和附

属物品，你能在各个方面尽可能广泛地增强自己的威力，这就好比你增添了手脚的灵敏、眼睛的敏锐、血液的畅通、时间带来的经验、学习带来的知识。

创富密码

提高专注力

如果你想发财致富，就必须提高自己的专注力。因为要吸引金钱，就要专注于富裕。若专注于金钱的不足，就不可能在人生中带来多少财富。

精神上坚持不懈的努力，有助于培养你的主动性和创造性。商业事务会激发专注力，鼓励你养成果断的性格，开发你的洞察力，让你养成迅速决策的习惯。在每一次商业活动中，精神因素是主导控制力量，欲望是支配力量。一切商业关系都是欲望的客观化。

从事商业活动，可以锻炼人的意志，培养坚定的美德。在从商过程中，人会变得稳重而坚定，做事效率也会提高。最重要的是，心灵的防线会得到加强，使人不会再受外界干扰，也不再受本能冲动的左右，成功地完成从低层次向高层次的蜕变。

所以在实现创富的过程中，不要动用一丝意识的力量。你要完全放松，不要患得患失。记住，精神力量源于静止。专注于你的愿望，直到意念完全捕捉到它，并不再受任何其他因素的影响。

专注不是指仅仅怀有某些想法，而是要让想法变得有实用价值，一般人不知道专注到底是什么。他们总是想"拥有"，但却不求"变化"；他们不明白这二者是不可分离的，不知道在拥有"分外之物"前必须找到它们的"住在哪里"。要想实现目标，仅靠一时的热情是

不够的，你还必须有强大的自信。

想要驱除恐惧，你就专注于勇气。

想要消除贫穷，你就专注于富足。

想要祛除疾病，你就专注于健康。

你要做的就是，专注于某个目标，并把梦想当作既成事实。意念好比生殖细胞，生命的原则会因它而动，引导思想与宇宙精神建立联系，并努力让梦想变为现实。

兴趣是专注的原动力，兴趣越高其专注力就越集中，而专注力越集中兴趣就越浓厚，这两者是相互作用的。一旦开始专注于某事，我们的兴趣就会被激发，而有了兴趣我们就会更加专注于此事。就这样一直这样循环下去，直到你在这一方面达到某种程度为止。

我们习惯于通过五种感官看宇宙。正是这由于这些经验，我们才产生了自己的观念，但真正的观念只能通过精神洞察力获得。培养洞察力需要加速精神活动，而且只有当专注于一个目标时，我们才能具有洞察力。要保持持久的专注，需要思想不间断地流动，只有耐心、执着、坚持和完善的自我监督才能实现。

专注能激发潜意识并引导它的行动方向，让它帮助我们实现一切目标。专注的练习有益于对身心的控制，所有的意识模式，不管是身体上、思想上还是精神上的，都必须尽在你的控制之中。

专注是区分天才的标志，而培养专注力只能靠实际练习。我们在此提出一些有效利用专注力的建议。当你开始实施六个步骤中的第一步时，也就是让你"在心中确定你想得到的具体财富数额"的时候，

创富密码

用专注力将意念集中在那个数目上，或者闭上双眼、集中注意力，直到你能真切地看到那笔财富的概念。每天至少重复做一次。。这里有一个重要事实，潜意识会接受任何在绝对自信状态下传达给它的指令，当然这些指令经常需要通过反复传递，一遍一遍地展现出来，潜意识才能接受。

按照这种说法可以和潜意识玩个合理的"小把戏"。由于你自己深信不疑，你可以使潜意识相信，你一定要拥有你所看到的财富，相信这笔财富就是属于你的，而且早晚回到你手中。这样一来潜意识自然会拱手把具体的计划送给你，供你去获得属于你的财富。

把上一段提出的思想传达给你的想象力，看看你的想象力会作出什么反应，让你制订出获得财富的可行性计划。

不要等计划明确出现后，再根据计划以提供服务或卖出商品的方式，获取想象中的财富，而是应该立即看见自己就有了这些财富，同时要求、期待提出一项或多项计划。密切注意这些计划，等它们一旦完善，就立刻付诸行动。计划出现时，它们可能通过第六感，以"灵感"的形式灵光一闪地进入你的内心。要重视它，而且在感受到它时立即作出回应，马上付诸行动，不然你就很难成功。

六项步骤的第四项，要求你"制定一个实现梦想的明确计划，而且不管你是否准备好，都要立刻开始执行"。你应该用上一段所说的态度，遵循这项指示。在实现欲望的过程中，要制订出积累财富的计划，不能相信你的"理智"。因为，你的理智有时会怠惰和不准确，如果完全依赖它有时候很可能会误事。

当你看到希望得到的财富时也同时，要看到自己正为得到这笔财富在提供服务，这一点极为重要。

事实上在你对本书产生兴趣的时候，就表示你的求知欲和对财富的渴望很强烈。如果是这样，那你就有机会学到很多东西，但前提是你必须谦虚。如果你总是不能专心地去研读，那么你一定无法从本书中获得什么。要想如愿以偿，你必须怀抱信念，认真研习本书。

伟大的发现都是长时间持续观察的结果，要学到东西就必须付出多年的努力。而探索最伟大的精神科学则只能靠专注。

人类对专注存在很大的误解。有人似乎专门提出了一套练习专注的方法，但却并没有取得好的效果。好的演员会在表演时忘掉自己，全身心地投入到角色中，用真实的表演打动观众。这是一个好方法，它告诉我们应该完全沉浸在自己的思想中，对自己的对象全神贯注，直到忘却一切不相关的事物。专注能让你彻底感知并洞察你所关注之对象的本质。

知识的高低是受到专注程度影响的。正因为专注我们才能发现天地的奥秘，正是因为专注人心才会变成一块磁石，求知欲则带有不可抗拒的磁力，吸引着一切知识，并让它们为你所用。

如果你专注于某件重要的事情上，直觉的力量就会发挥作用，帮你获取成功所需的一切知识和经验。地质学家专注于地球结构，并最终成立了地质学；天文学家专注于星体，并最终发现了它们的奥秘；人类专注于日常问题，庞大而复杂的社会秩序才得以形成。只要专注，就能创造神奇。

创富密码

高度的专注力，再加上对实现长远目标的强烈渴望，会比成年累月缓慢而被动的努力更加有效。它能解除疑惑、软弱、无能和自卑对你的束缚，让你体会到成功的乐趣。

所有精神发现和成就都是欲望和专注共同作用的结果。欲望是最强大的作用方式。欲望坚持的时间越长，我们最后取得的成果就越丰硕。欲望加上专注，会让我们无所不能。

第六章　财富的积累

一颗创业致富的心

自从我向人们说明他们都应该有办法使自己变得富有之后，就不断有年轻人来找我，他们对我说得最多的就是："我很想做生意，但一直办不到。"

我问他们："为什么办不到？"而他们的理由无一例外的都是"因为我没有资本开创自己的事业"。

资本，创业的资本？年轻人，看看自己身边的财富英雄吧，他们好多人是从身无分文的穷小子爬到今天的地位的，而你还要创业资本！在我看来，你真的是幸运极了，就是因为你没有资本。你没有钱，我很高兴。我从心底里怜悯那些有钱人的孩子，那些"富二代"。在今天这个社会，有钱人的孩子处于一种不进则退的境地，有些人因为时刻被人关注，甚至连言行的自由都受到限制。所以他们注定要受人怜悯。那些有钱人的孩子根本无法体会到人类生命中那些最宝贵的东西。据报道，好多有钱人的孩子在离开这个世界时居然已经不是富翁，有的甚至负债累累。他们在富裕的环境中成长，却死于贫穷之中。其实，即使一个富人的儿子有幸保住了他父亲的财富，他也仍然无法体会出生命中最宝贵的东西。

曾经有一名年轻人问我："你一生中感到最快乐的时刻是什么？"对于这个问题，我研究了很久最后才得出结论。在我看来，人

创富密码

生中最快乐的时刻莫过于一个年轻人抱着他的新娘跨进他自己赚钱买来的房子，然后面向自己的新娘，以一种无比自豪的口吻对他的妻子说道："亲爱的，这栋房子是我亲手赚来了的，这全都是我自己赚来的。这所有的一切都是我的，我愿意与你分享。"这是我所见过的最伟大的时刻了。但是，绝大多数富家子弟是无法体会这一点的。他们可能会带着新娘住进一间更漂亮的豪宅，但当他们参观那栋房子时，只能说："这个是母亲给我的，那个也是母亲给我的，父亲给了我这个，父亲又给了我那个。"说到后来，他的妻子可能真希望她嫁的是他的父亲了。

在这里我想起了一个笑话，一个年轻人的朋友问他："你和你的女朋友怎么样了？是不是快要结婚了？"那个年轻人沮丧地说："分手了。"朋友惊讶地问："怎么回事？你不是带她见过你那个超级有钱的叔叔了吗？""是的，正是因为如此，现在她是我的婶婶。"

那些只会挥霍金钱，到最后却不得善终的富家子弟是多么的可怜！你肯定见过许多富家子弟沉沦于酒吧、迪厅甚至赌场里，更甚者还有吸毒之人。我曾见过这样一个败家子，而且时时将他牢记在心。我当时在三亚发表演讲，讲演完毕后，便回到酒店。当我走近前台时，发现那儿站着一位来自广东的亿万富翁的儿子。用"一无是处"来形容这个人一点都不过分。他的腋下夹着一根金柄手杖，在我看来，那根手杖头部的"头脑"，也要比他的头脑所装的智慧多得多。尽管我绞尽脑汁，但仍然无法将这个年轻人正确地描述出来。可我仍然要形容一番，他戴着一副墨镜，脖子上是一条比拇指还粗的金链

子，手上的钻戒光华闪烁，穿着一双令他无法走路的漆黑皮鞋，另外还穿着一条令他无法坐下的裤子——他全身穿得像只蚱蜢！

真是凑巧，就在我走过去时，这个蚱蜢人也来到柜台前。他扶了扶他那副连眼前景象都看不清的眼镜，然后口齿不清地对那位柜台职员说："天（先）生，天（先）生，能否骂（麻）烦你给我一些信主（纸）和信轰（封）！"值班职员迅速打量了他一眼，然后打开抽屉，取出一些信纸和信封，将它们一把丢在柜台上，然后又转过头去看他的书。

当那些信封和信纸被丢到柜台上时，你可以想象那个人的表情！要知道他想要什么东西，一向都是由随从双手奉上的。他又调整了一下他的墨镜，对着那个职员背后大叫："回来，天（先）生，回到这儿来。天（先）生，能否请你命令一个朴（仆）人，把这些信主（纸）和信轰（封）拿到那边的桌子上去。"天哪，那真是一只可怜、可悲而又无用的大猴子。他竟然没法子把信封和信纸拿到近在咫尺的地方去。我猜想，他恐怕连自己的手臂也放不下来。简直是人类的渣滓，对他我毫不同情。所以，如果你没有资本，我很替你高兴。你不需要任何资本，你所需要的是常识，而不是金钱。

白手起家的人遍地都是，不只是在中国有，在美国同样也有创造财富的榜样人物。A. T. 斯图沃特是纽约的一位大商人，也是他那个时代美国最富有的人，但他年轻时却是个穷小子。他只带了1.5美元，就到商界闯天下。当他一开始做生意时，他所仅有的那1.5美元一下就损失了0.875美元，用这点钱他买了一些针、线和纽扣出售，但人们并不

创
富
密
码

想要这些东西。

你现在很穷是吗？如果是，那是因为你的东西没有人要，只能留在自己手中卖不出去造成的。这是一个很惨重的教训。你可以随时加以修正，不管你是风华正茂还是垂垂老矣。斯图沃特一开始不知道人们需要什么，因此买了一些人们并不需要的东西，结果卖不出去，那自然就只有亏本了。不过，这对斯图沃特来说却是件天大的好事，因为他从中学会了商业生涯中终身受益的一大教训，他说："从那以后我不再先买进任何东西，我一定要先了解有人想要买什么东西，然后再去进货。"所以，他便挨家挨户去问他们需要什么东西，等他知道人们需要什么东西之后，他才将剩下的0.625美元投资下去，以供应"大家所需要的东西"。在我看来，不论你现在从事哪种行业，也不管你是律师、医生、家庭主妇、教师或是其他什么人，这个原则都完全适用。我们必须先知道周围的人需要什么，然后再进行投资。向世人提供他们所需要的东西，成功自然就会到来。

斯图沃特正是依据并坚持这个原则，最终使自己拥有了4000万美元的资产。你可能会这样说，"呀，一个人在纽约可以做得到这一点，但在其他地方可就不行了。"早在1889年，纽约市政府就通过各种渠道获得的统计数字显示，当时纽约有107位财产超过1000万美元的千万富翁。这很令人心动。于是很多人心里想，他们应该到纽约去挣钱。但事实上，在那107位千万富翁中，只有7人是在纽约发迹的，其余的100位都是在外地发财后，才搬到纽约来居住的。更让你难以置信的是，其中67人是在人口不满6000人的小镇上发财的。你们是否想

到，当时全美国最富有的那个人，就住在一个只有3500人的小镇上，而且一直住在那儿，从未搬到别处去过。因此，重要的是你自身的条件，而不在于你住在什么地方。相反，城市太大倒有可能为你带来不便。请你记住，酝酿赚进亿万资产的大机会，正是在较小的城市。

关于这一点，我可以举出好多十分恰当的例子。沃伦·巴菲特发迹于美国的一个小镇，亚洲首富李嘉诚发迹于香港这个弹丸之地。这里还有一个最为恰当不过的例子，约翰·雅各布·阿斯特年轻时也是个穷小子，最后却替阿斯特家族赚得了无尽的财富。他所赚的钱远远超过他的任何一位祖先。他曾经拥有纽约一家女帽店的抵押权，由于原来的店主无法筹到足够的钱支付利息及租金，于是他就拥有了这家女帽店，并和原来那位失败的店主合伙经营。他只是持有手中的股份，并没有给那位店主一块钱，他要那位店主单独一人看店，然后独自一人跑到公园里，找张椅子坐下来。他就坐在公园的那张椅子上，进行着他从事的这项合伙生意中最重要——在我看来，也是最为愉快的一部分工作。他坐在那儿打量着来来往往的女士，思索以前那位店主为什么会失败。这时，恰好一位女士从他面前走过，她双肩向后，头抬得高高的，仿佛并不在乎是否整个世界都在看着她，于是他开始研究她头上所戴的软帽，在那顶软帽尚未从他的视线消失之前，他已经看清楚并记住了那顶软帽的形状、颜色及花边。有时候，我也曾试着去描述女人所戴的软帽样式，但没什么大用处，因为到第二天晚上，那顶帽子的式样就要落伍了。

在公园里琢磨透这顶软帽后，约翰·雅各布·阿斯特便回到店

创富密码

里，对那位店主说，"现在请你在橱窗里摆一顶和我所描述的完全一样的软帽，"他说，"因为我刚刚看到一位很喜欢这种帽子的女士。在我回来之前，不要再摆出其他式样的帽子。"说完，他又走了出去，在公园里找张椅子坐下。不久又有一位不同身材、不同肤色的女士从他面前走过，当然，她所戴的帽子的颜色和形状也很独特。于是，他又回到店里对他的合伙人说："现在要摆出这样的一顶帽子来。"就这样，他橱窗里所摆的帽子，就绝不会让顾客看了就掉头而去了。原先那位店主也不用因为顾客都跑到别的店里去而到店后头号啕大哭，以前他绝不会在橱窗里摆上一顶他见其他人戴过的帽子的。

特别是在现代社会，有很多机会生产不同的商品，而且科技的进步和企业管理水平的提高都促进了社会的极大发展。但是，现在社会却存在着好多的弊端，社会阶层逐渐固化，穷者益穷，富者益富。社会上出现了一种令人沮丧的忧郁气氛，工人们开始感觉到，他们被头顶上的一种硬壳限制住了，而且无法突破，而那些伪君子老板却高高坐在他们头上，绝不会下来协助他们。这就是我们同胞们心里所想的。一根稻草扔在路边就是垃圾，用来捆韭菜，就是韭菜的价格，用来捆大闸蟹，就是大闸蟹的价格。和什么人在一起很重要，离开了公司平台，你什么都不是。让我们向那些财富英雄看齐，尤其是那些从贫困中走出的成功者，他们是我们获取财富的榜样。榜样的力量是无穷的，我们也要像他们一样，给自己安装一颗创业致富的心，财富的大门就会向我们敞开。

重视你所拥有的

现在的社会中人们已经很难相信有谁会把追求财富当作罪恶，正是因为对金钱的追求，世界才会变得多姿多彩。

经常有人给我写信，问我为什么要给他们的孩子留下钱，可通常又是这些钱毁掉了他们的人生，反而起到了相反的作用。并不是金钱本身是一种对人有害的东西，而在于一个人对金钱的态度。一个诚实挣钱的人，懂得钱是给予奉献的回报，是劳动的报酬，于是他会尽可能努力地做出更大的奉献。

能给予我们的思想迷人的活力，是人广阔的胸襟以及对他人的慷慨大度，而自私的思想或行为只能导致思维的毁灭。就像蚁洞一样，自私最终将毁灭我们的创造力，进而吹断我们飞往财富宇宙的翅膀。我们就在这样的过程中慢慢体会"舍得"的真谛。

要尽一切力量为他人和世界服务，我们自身的力量创造了整个社会和人类，我们通过不断调整自己的意识，使其与全能之力的法则保持一致。我们会轻而易举地看到，我们的给予越多，收获就会越多。商人以自己的货物和服务造福于人，工人以技能服务于人、艺术家以艺术作品服务于人。依照法则，付出的越多其得到的就越多，那么再次付出的能力也越大。

源源不断地付出使金融家始终努力保持自我思考的独立性，从未

将这样那样的工作委以他人。如果他需要获得想要的结果，他必会得到身边人的众多帮助。当他得到了他想要的答案时，他就可以用更新的形式和方法去为更多的人服务和谋利。最后，在服务众人的同时，金融家也成就了自我的人生。很多的成功者或财富的拥有者，并不是依靠损害他人的利益来获得自己个人的利益，而是通过帮助他人来获得利益。

现在社会善于思考的人越来越少了，大多数人在思考某一问题时，都是浅尝辄止。他们没有太多自我的观点，而是人云亦云地过着平淡无为的生活。对于既有的思想，他们从不过多地去验证或反思，而是以极度柔顺的态度迷信于权威和宿命。他们将思考太多重大决定的工作推给极少数的人，这些人在失去思考者权利的同时也放弃了创造能力。

但是对于不劳而获的人来说，他们只不过用钱来满足他们肮脏的欲求。他们并不对钱所起的作用负责，他们觉得自己愿意怎么花就怎么花，哪怕是在损害社会和他人的利益。

对富人的儿子和女儿来说，那些不劳而获的钱是"万恶之源"。他们只要崇拜金钱，完全地依赖金钱，就会迅速堕落，直到一贫如洗。这丝毫不让人觉得奇怪，有这样的一个谚语："每一代人努力获得了富足的生活，第二代人活得像个绅士，第三代人又得从头开始。"

他们做着有意义的事，他们因为工作而富足，并且他们将这些分发给别人，与别人交流，为了以后的日子积存一些好的基础。他们将

获得精彩而无悔的人生。

犹太人对金钱的态度值得我们效仿。犹太人热衷于经商，这是由长期生存环境决定的民族特性，但他们却对金钱一直保持着一颗平常之心。

犹太人对金钱既没有敬之如神，也不会讨厌，更没有既想要钱又羞于碰钱的尴尬心理。他们认为钱干干净净、平平常常，赚钱大大方方，是很正常不过的事。以钱为生，只是犹太人一种朴素而又自然的正常生活方式，从下面的故事中就可窥见一斑。

一位无神论者来看拉比。

"您好！拉比。"无神论者说。

"您好！"拉比客气道。

无神论者拿出一个金币给他，拉比二话没说装进了口袋里。

"毫无疑问你想让我帮你做一些事情，"拉比说，"也许你的妻子不孕，你想让我帮她祈祷，为你带来好运。"

"不是，拉比，我还没结婚。"说完，无神论者又给了拉比一个金币。

拉比仍是二话没说又装进了口袋。"但是，你一定有些事情想问我，也许你犯下了罪行，希望上帝宽恕你。"

"不是，拉比，我没有犯过任何罪行。"他又一次给拉比一个金币。

拉比又一次二话没说装进了口袋。拉比期待地问："也许你的生意不好，希望我为你祷告？"

创富密码

"不是，拉比，今年是个丰收年。"他又给了拉比一个金币。

"那你到底想让我干什么？"拉比接过金币迷惑地问。

"什么都不干，真的什么都不干，"无神论者回答，"我只是想看看一个人什么都不干，光拿钱能撑多长时间！"

"钱就是钱，不是别的。"拉比回答说，"我拿着钱就像拿着一张纸、一块石头一样。"

由于对钱保持一种平常心，甚至把它视为一块石头、一张纸，犹太人才不会把它分为干净的或肮脏的，也不会把钱视若鬼神。在他们心中金钱就是金钱，是一件生活必需的平常东西。因此他们孜孜以求地去获取它，当失去它的时候也不会痛不欲生。正是这种平常之心，使犹太人在凶险的商海中总能占有一席之地。视金钱为平常物，是犹太人的经商智慧之一。金钱是犹太人的世俗上帝。

富人们从不把金钱看成是万恶之源，也不把对金钱的追求看成拜金主义。

一个把金钱当作敌人的人，是不会取得巨大财富的。为了获得财富，必须确立正确的金钱观。

那么钱究竟是什么？为什么对人们这么重要？大多数人想到钱的时候只想如何赚钱、花钱、存钱，却很少仔细思考金钱的真正意义。很多人认为金钱只不过是纸钞和硬币，这完全不正确。纸钞和硬币本身没有任何意义，它们的力量是人类所给予的，它们只是代表人们公认的价值。

钱不是物体，而是一个观念、一种想法、一种沟通方式、一种生

活物资的交换形式，纸钞和硬币本身不是钱，它们只是价值的表现。

钱像个千面女郎，不同的人对钱有不同的感受。下面几种观点是一般人对钱的看法：

1.钱是保障。钱可以使你远离阴冷、贫穷、残酷的世界。如果你在银行有一大笔存款，又有稳定的职业，那你当然觉得有保障。没有钱你将无法掌握自己的命运，没有钱你将会处于失败者的阵营。

2.钱是困扰。有些人一想到钱，就觉得头痛。如果你一味钻营如何赚更多的钱，担心到手的钱又会失去，终日像个守财奴一般忧心如焚，那么钱对你而言的确是个困扰。

3.钱是力量。在现实社会里，有钱显然可以获得尊敬和尊严，富裕的人可以轻易满足生活中的各种物质欲望。

4.钱是一种承诺。金钱交易包含两个意义：一是我们认同交易对象的价值；二是我们交付的金钱，其价值不会改变，可以由一个人转移到另一个手中。从第二个观点来看，钱可以说是一种承诺。

5.钱是动力。钱可以造成社会上的互动关系。钱并非独立于社会之外，也不是独立于你、我之外。一个人和钱打交道，正是发挥他生命动力的时刻，所以一个人所拥有的财富可以代表他的生命力。

以上这些观点并非绝对，不是每个观点对所有人都是正确无误的。每个人都可以依据自己的想法，选择适合自己的金钱概念。但是有一条极为重要，财富要靠努力去创造，这是一条不变的法则。违背了它就会和财富擦肩而过。

卡耐基说："当你谈到成功时，假设你指的是物质条件，那么金

钱或与其等值的东西，容我请你注意这个事实，轻易发财的能力，或者暂时拥有财富却不知道'运用'财富的人，都没有什么意义。"

换句换说就是所有财富的价值，包含金钱在内，在于个人对它的运用，而不在于仅仅拥有多少财富。一个成功的人（获得经济上成就的人），对于金钱和资产的运用，谨慎预算得一如安排运用他的时间。他会拿出收入中一部分花在以下四个方面：

1.食、衣、住、行的费用。

2.人寿保险。

3.以投资方式所做的储蓄。

4.休闲娱乐活动。

这四项花费都以严格的预算控制着。除非在极少有的危机情况下，一般都会按照这个预算来花费。这样便能保证在个人收入里，存入一个明确的百分比，便能带来经济上的安稳。

假如个人将所得的全部用于生活用度、休闲活动，或者其他形式的花费，却不能换取某种物质上的回报，那么月收100元与月收入1000元而乱花900又有什么差异呢？

绝大部分人都犯了这个错误。不论他们赚了多少，都有法子花得一干二净，因为他们没有明确的预算制度来管理自己的收入。不少人在加薪之后，立即把加的那部分薪水全挥霍掉，这是不可取的，也容易助长你乱花钱的坏习惯。在没加薪水之前，你能生存下去，那么在加薪之后就无法生存下去了吗？正确的做法是加薪之后，最好给这个钱做一次合理的规划，看看怎么处理才是最有意义的。

经济稳定是要通过对个人收入的小心安排才能获得的，在金钱花费上这需要严格的自律。大多数人在小时候就养成了花钱方式不得当的不良习惯。往往由于他们的父母在这方面缺乏教育，使得很多孩子一直保持着这个坏习惯。

但是如果能够透过自律，建立储蓄的习惯，它所带来的喜悦绝对不下于花钱的习惯。还需要再说明的是，储蓄是一个比花钱要好得多的习惯。

我们不妨来看看希尔和卡耐基的观点。

希尔说："当你提到'储蓄'的时候，不仅仅是意味着把钱存进银行或者保险箱里，是不是，卡耐基先生？"

卡耐基："不是，我不是这个意思。明智的储蓄需要'运用'个人的智慧，金钱才能被用来赚取更多的金钱。假如不利用金钱，那么人也用不着拥有比实际生活所需更多的钱了。"

希尔："个人收入里需要多大的比例来投资一项储蓄基金呢？"

卡耐基："那要依情况而定。这个比例应该依个人成家与否而有不同；也要看有多少人要靠他生活或受教育而定。单身的人应该比成家的人储蓄得多很多，因为一般说来他没有家庭的负担。他应该为了将来成家而预先储蓄，并且为自己的老年作准备。每个人都应该存下他净得的一个明确百分比，哪怕只有百分之五甚至更少，如此才能建立储蓄的习惯。实际储蓄的金额不如储蓄习惯本身那么重要，因为储蓄习惯显示出自律的能力，在生活其他各个方面都有很大的价值。人无法自律，绝对无从获取经济上的安稳，或者在达成主要的目标上获

得成功。不论他有多少能力，或者他的机会如何，拥有储蓄的习惯都是一种高层次的自律。"

希尔："你认为什么才是个人储蓄计划上最重要的事？"

卡耐基："那便是人寿保险。不论已婚或者未婚，这件事比其他都重要。因为，人寿保险使个人养成储蓄的习惯，因为保险费每年都得缴付。同时这种储蓄是你不能任意提取花费的，它不同于一般的活期存款。它也极有助于建立个人的自立精神，又能使人保有心灵的平静，免除自己对生活安定方面的忧虑和牵挂。"

第六章　财富的积累

第七章
感受金钱的存在

你要让自己成为吸引金钱的磁石，但在这之前你首先要考虑的是怎样为别人带来财富。如果你具备足够的洞察力，能感知并利用各种机会和条件，认识到财富的价值，那你就能占据有利位置。不过，最终的成功还是取决于你对他人的帮助。只有造福众人，你才能造福自己。

感受金钱的存在

我们对金钱的理念取决于对金钱的态度，商业经济的典型特征就是盈利，而盈利就是金钱。对金钱的渴望可以使我们不断努力奋斗，从而促成整个经济的加速运转，打开财富的通道。如果我们在获得金钱的过程中感到害怕，那么财富就会离我们越来越远。

恐惧是金钱意识的对立面，是贫穷的意识。根据补偿法则，我们付出什么，就定会收获什么。所以，如果我们感到恐惧，那么恰恰会得到令人担心的结果。

广交朋友才会广开财路。通过为他人提供财路、帮助和服务，我们的交际圈才会扩大。成功的首要法则就是为人服务，这服务必须建立在诚实正直的基础上。为人不公、诡计多端的人是无知的，这样的人不知道交换的基本原理，因此必将获得失败。然而，他们或许不知道自己失败了。在洋洋自得地迎接胜利的时候，他们其实已经失败。他们欺骗不了无限的宇宙。补偿法则会对他以眼还眼、以牙还牙。

金钱就是金钱，我们也不应该对金钱抱有偏见。对于贪婪的人来说，选择金钱等于自杀；对于饥饿的人来说，选择金钱可以拯救生命。如果把获得金钱看成是一种罪恶，从而在心理上产生负罪感，那就无法把赚钱的欲望建立在一个正常的心理基础上。

在人类历史的发展过程中，对理想的追求始终是推动历史前进的

强大动力。德国社会学家韦伯在解释为什么资本主义会在西方社会成功时指出，正是在宗教改革后，新的教义告诉人们追求金钱是上帝的合理安排，人们开始把通过合理渠道和勤奋工作赚钱看成是上帝赋予的职业，资本主义才慢慢兴盛起来。

今天人们已经认识到财富对任何社会和个人都是重要的。

古时候，克罗伊斯国王住在萨边斯城。克罗伊斯还管辖着吕底亚镇。国王曾经征服了整个哈里斯河西部的亚洲地区，并且积累了数目庞大的财产，这些财物多到几乎没有人能计算得清。金子、银子和一些珍贵的石头和古玩，就像谷物一样堆积在一起。克罗伊斯认为所有的财宝可以堆成一个堡垒，用来保护自己。他用金子去买任何东西，甚至希望用金子贿赂上帝！

当波斯的国王小居鲁士威胁到他的时候，克罗伊斯在特尔斐城送给阿波罗众多金子和银子，金子做的碗、金子做的女人的雕像和一个金子做的狮子，想用这些东西去买上帝的帮助。他向先知询问，是否应该与小居鲁士对抗，先知回答道，当然是绝对可以的。"如果克罗伊斯与波斯人发动战争，他将带给这片土地一个伟人的帝国。"

克罗伊斯认为是他的礼物起到了作用，立刻做好了作战前的一切准备。但是他（先知）带来的只是小居鲁士的帝国。小居鲁士以势如破竹之势打败了克罗伊斯，为克罗伊斯建造了一个火葬场，目的是为了埋藏他。最后波斯人没有杀他。有智慧的希腊人棱伦很同情这个可怜的国王，而棱伦恰恰是克罗伊斯从宫廷上将他驱赶出来的人，因为他对王宫的奢侈品非常蔑视！

克罗伊斯巨大的金子储蓄根本不能使他得到好处，就像现在的许多人一样，先工作，秘密地积攒金钱，最后却被比他更强更聪明的人赚走。你也可能经常看到许多人为了年老时能存下足够的钱而做了一辈子苦工，他们剥夺了自己的所有的快乐，节约着每一分钱，在一个破产的银行或通过一些他们认为绝对安全的投资而失去了他们一生的养老金。

为什么会这样？上帝为什么让很多人的归宿如此凄凉可悲？因为他们依赖金钱，他们把金钱当作偶像来崇拜。就像以色列人在荒漠中崇拜小金库一样，同样的命运也降临到他们头上。

攒钱当然是正确的举措，这样可以为未来提供经济上的保障。但你将当前所有的事都当成为未来的未来来看待，并认为攒钱是唯一的出路时，这种想法就完全错了。

从远古的时代起，人类的历史一直都在证明，人世间的财富是多么不可靠。今天在这里的财富，明天就可能到了那里。强盗可能偷走它们，火可能烧毁它们，狂风或洪水可能卷走它们。但我们还是紧紧抓住它们，就好像它们是我们唯一的保障。我们依然跪倒下来，不停地追求着它们，虽然有时候它们的表现是那么的无力。

金钱对个人具有重要的意义，金钱不是万能的，但没有金钱是万万不能的。美国社会学家海恩思指出，金钱可以在10个方面使人生活得更美好：

1.物质财富；

2.更加自信；

3.更自由地表达自我；

4.享受更充分的娱乐；

5.自己和子女的教育更好；

6.使自己更有魅力和力量；

7.提供从事公益事业的机会；

8.能抽出时间旅游，放松身心；

9.良好的医疗保障；

10.退休后的经济保障。

金钱之所以重要还在于它能够给人以自信。银行里有存款，口袋里有钱，会使人轻松自在。而终日里为生活所迫，身无分文始终为如何挣到钱而发愁的人，无论如何在生活中是不可能潇洒和快乐的。如果你还没有金钱，请正视自己的处境，仔细想想金钱能够带来的好处，把金钱的美好当作前进的动力。

正因为金钱是美好的，美国作家爱默生才大声地讴歌金钱，他曾说："如果不是金钱刺激了人类的创造能力，人类社会就会失去前进的动力。正是因为对金钱的追求，一部分人把对权力的追逐弃之一边，这个社会才没有变得那样丑陋。"

我们在生活中总有许多梦想，这些梦想都是朝着生活富足的目标迈进的，希望能够得到社会的认可与尊重。

钱是一种力量，在现实社会里有钱显然可以更容易获得认可与尊敬，富人可以轻易满足物质上和精神上的各种欲望。买一栋较大的房子，明天就去找找看；买一辆新车，没问题；想出国玩玩，马上就可

以去办签证。

钱是一种动力。就某种程度而言，钱让人拼搏和发愤图强。钱并非独立于社会之外，一个人是否富有，与他的身份、职业有着一定的关联。一个人和钱打交道，正是发挥他生命动力的时候，就这个观点而言，一个人所拥有的财富可以代表他的生命力。如李嘉诚打拼一生，生命强劲，财源滚滚，可以证实这一观点在某种程度上是正确的。

全球著名的企业家和富豪之一的迈克尔·戴尔，即是通过经商赚钱获得成功、实现了自己的人生梦想的人。

迈克尔·戴尔出生在美国休斯敦一个比较殷实的家庭，父母希望他能够成为一名医生，但戴尔天生对医学就不感冒，反而对做生意却有着浓厚的兴趣。

12岁时，他通过邮购目录销售邮票，赚了2000美元。高中时，他从各种渠道寻找最可能的潜在客户，向他们推销《休斯敦邮报》，使平淡无奇的卖报工作变成了赚钱的好差事。他利用自己努力赚来的钱买了一辆宝马。看着这个高中生用自己挣来的钱购买宝马，车店经理大为惊诧。

1983年，迈克尔·戴尔顺从父母的意愿，高中毕业后进了奥斯汀的得克萨斯大学学习生物，但他却迷上了计算机。他感到市场对个人电脑的大量需求并未得到充分满足，零售商店的个人电脑售价过高，且销售人员对电脑不是一窍不通就是一知半解。针对这种状况，迈克尔·戴尔想出了一条赚钱的路子：通过电话订购向客户直接出售按客户要求组装的电脑。戴尔说服一些零售商，将剩余的电脑存货以进货

价卖给他。接着戴尔在电脑杂志上刊登广告，以低于零售价15％的价格出售个人电脑。广告播出去之后，有很多人电话订购。迈克尔·戴尔在他的大学宿舍里组装电脑，当愤怒的室友将他的零件堆在门口不让他进门时，戴尔知道他不应该再在学校待下去了。1984年春，迈克尔·戴尔离开校园，用自己的积蓄办了一家电脑公司。他向父母保证说，如果生意做不成，他就在秋天重返校园。

第一年，公司销售收益600万美元，此后一直是全美发展最快的公司之一。迈克尔·戴尔也成了家喻户晓的"神奇小子"。1993年，戴尔公司的销售额突破20亿美元，公司股票成了华尔街投资者最热衷的高科技股之一。

迈克尔·戴尔的人生梦想实现了！他用自己的人生经历有力地诠释了财富人生梦想的实现途径。

创
富
密
码

从爱钱开始

钞票，不过是我们心目中的一种价值、一种交换的手段。除此以外，它还能代表什么呢？纸币原本是用来代替金币、银币进行流通的。如今，市面上有数以亿计的纸币在不断地流通，然而世界上所有的黄金价值总和也不过80亿美元。财富也是一种心态，而不仅仅是钱或财产。即使做不了身价不菲的富翁，依然可以过上富足、舒适的生活。只要你觉得自己很富有，你就是富有的。

把万物分解到最小的单位——原子，甚至更小的质子、电子，那么它们都成了虚无缥缈的，都不过是意识的幻觉。万物皆由心生，如果能在潜意识里改变对某些事物的看法和印象，我们就可以得到所想的、所喜爱的一切。

用数字来举个例子吧。假定所有的数字都是用金属做成的实实在在的东西，并且不允许人们写下来。于是，每当你想做加法时，就不得不准备一大堆数，把它们按照顺序排列起来，然后再来算题。如果问题很复杂，也许数字就不够用了，只好从邻居那里或去银行借一些。也许你会说："这太荒谬了！"数字不是有形的东西，它们只不过是意识而已，我们可以随意地对它们进行加、减、乘、除。每个人想要多少数字就有多少数字。

实际上，当你以这种方法来看待财富时，你就会享有无穷无尽的

财富了。

的确如此，我们都应该是富翁，当一个穷人是懦夫的选择。身居温州而不富有，这真是一种不幸，而且是双重不幸，因为本来应该富有现在却沦为穷人。温州有着这么多致富的机会，都应该而且也可以致富。那些具有某种道德偏见的人可能会质问我："你怎么可以每天正事不干，去劝告正在成长的一代人费尽心机和时间去挣钱呢？一分钱、一块钱地去挣，这观念也太商业化了！"

把钱看作从你头脑中流过的流水，你所要做的事就是持续不断地把这个世界所需要的东西给磨出来。你的思想和计划，在"磨"的过程中是不可或缺的，钱是驱动"磨"的动力。但是，你才是必不可少的，你的想法和创新才是最重要的！只有靠你的思想来支配，金钱才能变得有用。所以以后不要再说"我缺钱"，事实是"钱缺你"。没有合适的用途，再多的钱也只是废纸一堆。你的头脑为钱的应用提供了出路，钱只有通过这种出路才能真正发挥作用。现在开始开动你的脑筋，为钱找一个好的出路，让它们能发挥重大作用。当你的想法渐渐完善的时候，你根本不需要刻意做什么就会发现，钱就会按照你的想法在流转，只要你没因为怀疑和恐惧改变了它本来的路线。

贺瑞斯·格里雷说："首先琢磨出来一个有前途的产品——然后大力推广就行了！"首先，你必须想出来一个这个世界需要的产品，哪怕这个产品只是个可靠、有趣的服务，然后只要为你的心愿打开一条通道，那么钱就会很快到来。记住，你花的钱越多，你获得的回报也越高。永远记住一句话，钱只有在花的时候才有价值。

但是我必须说你们应该花费时间使自己富裕起来，你我都知道有些东西确实比金钱更重要，当我们看到一座落满了秋叶的坟墓时，便不免感到一种难以言喻的悲伤。所以我知道有某些东西是比金钱更崇高的。那些受过苦难的人也曾深深体会到，有某些东西比黄金更甜蜜、更尊贵、更神圣。然而具有普通常识的人都知道，我们身边任何一样东西，无不是运用金钱而使其地位得以提升的。金钱不一定是万能的，但在我们这个世界里，很多事情都无法离开金钱。

无论如何，不爱钱就得不到财富。因为爱钱，珍惜钱，钱才会逐日增加。钱怎么会苦居于不爱钱的人的手中呢？而一个浪费、不懂得爱惜金钱的人，就算钱偶尔撞入怀里，也会很快地逃走……

"我不喜欢金钱，是金钱喜欢我。"这种话听起来让人感到虚伪，岂不知只有钟情于金钱，并且永不改变，财富的种子才能在心里发芽，你的财富才会不断增加。

日本的经营之神松下幸之助说："让我们钟情于金钱吧，这样才会有所作为。"松下幸之助9岁就开始当学徒，尝遍了世间的艰辛。经过了15年的漫长磨砺，他24岁创立自己的公司，自此走上了独立创业的道路。经过数十年的艰苦经营，终于使一个小作坊式的工厂发展成国际性的庞大企业集团，公司规模在世界500强大企业中名列第17位。

有这样一个很有哲理的故事：在一间很破的屋子里有一个穷人，屋里穷得连床也没有，只好躺在一张长凳上。穷人哀叹道："我真想发财呀，如果我发了财，决不做吝啬鬼……"

这时候上帝在穷人身旁出现了，他对穷人说道："好吧，我就

让你发财，给你一个有魔力的钱袋。这钱袋里永远有一块金币，是拿不完的。但是你要注意，在你觉得够了时，要把钱袋扔掉才能开始花钱。"

上帝说完就不见了。

在穷人的身边，真的有了一个钱袋，里面装着一块金币，穷人把那块金币拿出来，里面又多了一块。于是穷人不停地往外拿金币，一直拿了整整一个晚上，金币已经有一大堆了。他想，"啊，这些钱已经够我用一辈子了！"他第二天感觉非常饿，很想去买面包吃。但是在他花钱以前必须扔掉那个钱袋。他又开始从钱袋里往外拿钱，每次他想把钱袋扔掉时，总觉得钱还不够多。日子一天天过去了，穷人完全可以去买吃的、买房子、买最豪华的轿车，总之这些金子他花十辈子都花不完。"还是等钱再多一些吧。"他对自己说。他不停地拿，金币已经快堆满屋子了。同时他的身体也变得越来越虚弱，脸色蜡黄，行动迟缓。"我不能把钱袋扔掉，我还要更多的金币"！他奄奄一息地说。终于，他死在了金币堆里……

这个故事告诉我们，金钱不是绝对的好东西，只有当人们能够合理地利用它，它才会造福于人类，否则可能导致灾祸的降临。

最后一个印加人被关在西班牙人皮萨罗的地牢里时，他对俘获他的人说："给我自由，我将用金子堆满整个房间。它将推到像我的指尖所能触及的地方那么高，我还会把一个稍小一些的屋子里，堆满两个这么多的银子。"

那个西班牙人同意了，并且很快地要求他将自己所说的条件实

现，于是印加人派遣了信使。他们在安第斯山脉陡峭的小径上奔跑，穿过矿山，经过许多宝藏以及太阳神的庙宇。很快，有一队背负着沉重税金的印加人出现在了面前，他们是为太阳神最后一个孩子而来的。

他们的肩上的金子将那个屋子越堆越高，每一个袋子里的金子都令那个印加人欢欣鼓舞，因为这意味着他离自由越来越近了。

但正是由于他如此地依赖于金钱，所以当这个屋子几乎被金子填满时，西班牙人感觉到他们从他身上几乎再也得不到什么好处了，于是把他拉出去，勒死了他。

一个人如果说"我不要金钱"，无异于说"我不希望替我的同胞服务"。这种想法显然是错误的，要断绝这两者之间的关系也同样荒谬。我们所拥有的是一个很伟大的人生，当然应该花点时间去赚钱，因为金钱能带来某种力量。然而宗教对这种想法持有强烈的偏见，因为有些人认为，成为一名上帝的贫穷子民，此乃无上的荣耀。我眼前所面对的很多人就有这种想法。

在人际关系中，如果你讨厌某人，自然不希望与他接触。他或许也有这种感觉，同样避免和你接触。类似的人际关系正说明了财富的问题。只有我们内心深处真正渴望富有，才能摆脱贫困，才会得到财富。先有喜欢才会有主动接近，就像谈恋爱一样，我们对于自己心仪的人都会想办法与他或她见面，或是想象着彼此见面时的欢乐情景。

我曾听见某个人在一次祈祷会上祷告，他十分感激，因为他是上帝的贫穷子民之一。我不禁在心里默想，这人的太太要是听见他在这

里说这样的话，不知会有什么感想？因为她可能要靠打零工来照顾她丈夫的生活，而这位做丈夫的却坐在走廊里抽烟和说空话。我不愿再见到类似这样的上帝之贫穷子民，我想上帝也不愿这样。因此，如果某个本来应该很富有的人，现在却因为贫穷而懦弱无能，他必然犯了极为严重的错误。他一定对自己不忠实，他也亏待了自己的同胞。只要我们运用正当和高尚的手段去致富，我们就会成为富人，而且这正是使我们能迅速达到富足目标的唯一方法。

商场上，有钱经常能使谈判顺利，资金周转迅速，事业因而蒸蒸日上，所以生财之道就是要先"爱钱"。

乔·坎多尔弗出生在美国肯塔基州的瑞查孟德镇。1960年，他的第一个孩子出生，花钱越来越大了，钱总觉得不够用。餐桌上并不丰盛的饭菜，让他开始发现钱是多么的重要了。

在坎多尔弗就读于美国迈阿密大学时，一家人寿保险公司曾向他出售过保险，现在这家公司希望乔·坎多尔弗向他的同学们推销各种保险。在基本通过资格测验后，保险公司录用了他，并答应每月付给他450美元，条件是他必须在未来的三个月中出售10份保险或赚取10万美元的保险收入，这对于只是个学生的坎多尔弗来说真是太难了。

但是，他太需要钱了，同时他的妻子也很支持他业余时间做保险。他努力熟悉每一件与人寿保险有关的事儿，为了做好这份工作，他在大学附近以每月35美元租了间小屋，并把妻子送回婆家。他给自己制订好了计划，就开始意气风发地行动了。

工作的第一天，他花了16小时与7人谈生意，却没有一个愿意购买

创富密码

保险的。他绝食一天，以示对自己的惩罚。但他没有灰心，坎多尔弗每天要比别人多干几个小时。不断地努力和坚持使他在第一个星期就获得了92000美元的销售额。

同年12月，坎多尔弗再次与保险公司签订了6个月代理合同。同时作为对坎多尔弗的鼓励，公司付给他18000美元的奖励。从那时起，坎多尔弗就知道了他这辈子应该干什么，他找到了自己为之奋斗一生的职业。

坎多尔弗不仅延长自己的工作时间，还能有效地利用时间。坎多尔弗在他的工作时间内，从不干没有目的的事。就连他每天吃饭都是在工作，如果他与某人一起吃饭，这个人要么是一位顾客，要么是一位能给坎多尔弗提供客户的人；如果他单独一人吃饭，他要么在接电话，要么在阅读与他的业务有关的资料。一天之内，他对人说的话均与工作有关系，他所阅读的每本资料都直接或间接地与他的业务有关系。他把自己的经验告诉一位曾向他询问如何使销售额翻番的年轻人，结果那个年轻人的销售额增加了3倍。

坎多尔弗恨不得把吃饭、睡觉的时间都用来工作，他说："我觉得人们在吃睡方面花费的时间太多了，我最大的愿望是不吃饭、不睡觉而仍能好好活着。对我来说一顿饭若超过12至20分钟，那就是浪费。"

经过他的不懈努力，坎多尔弗的保险销售额在1976的时候达到10亿美元。坎多尔弗在谈到自己的成功时说："我成功的秘密相当简单，为了赚到钱我可以比别人更努力、更吃苦，而多数人不愿意这样

做。"

坎多尔弗的故事足以说明，只要你需要钱、爱钱，对财富充满强烈的欲望，你就会为了实现你的欲望而比别人更努力，最终也能拥有令别人惊叹的财富。

一般人都会认为财富就是拥有金钱，就是赚取很多很多钱，就是拥有高档的轿车、豪华的住宅。这些表面的东西的确是财富，但财富的真正意义并不完全在这里。

财富的真正意义不在于你曾经拥有，而在于能否天长地久。

我们常听人说："金钱不能让你快乐。"尽管它有些道理，但没钱你会更不快乐。正如罗伯特·清崎所说："我总感觉当我有钱时，会比较开心。有一天，我在牛仔裤兜里发现了10美元。尽管钱不多，我还是感觉很高兴。找到钱的感觉，总比找到一张我欠下的账单好。至少这是我自己对金钱的感觉，当钱在我身边时我感到高兴，当钱离我而去时感到伤心。"

实际生活中的许多事情告诉我们，随着一个人财富的增长，他的自信心也会增强，所谓"财人气粗"就是指人有钱的时候，勇气和决心是不可动摇的。拿破仑·希尔说："钱，好比人的第六感官，缺少了它，就不能充分调动其他的五个感官。"这句话形象地道出了金钱对于消除贫穷的作用。

口袋里有现钞、银行里有存款，能使你活得轻松自在，不必为别人怎么看你而忧虑。如果有人不喜欢你，那么你可以找其他人做朋友。你可以潇洒地逛商品市场、自由地出入大酒店，不必为几百元的

开销而操心。有的男人怕被解雇，当他为自己的某种嗜好花了哪怕是几块钱时，就会有一种犯罪感。因为这笔钱对他的家人来说，可以买到其他的东西。因缺钱而产生的压力，会阻止他做自己想做的事。他的欲望会受到压抑，他会感到被束缚住了。

如果你渴望自由、渴望表现自我，那就把它们作为赚钱和实现理想的动力吧。有人曾这样写道："让所有那些有学问的人说他们所能说的吧，是金钱造就了人。"

因此，如果你真的想获取财富，那么就让你的金钱欲望膨胀吧！就从"爱钱开始"，你爱钱则自有钱爱。

用别人的钱发财

西方生意场上有句名言：只有傻瓜才拿自己的钱去发财。

美国亿万富翁马克·哈罗德林森说："别人的钱是我成功的钥匙。把别人的钱和别人的努力结合起来，再加上你自己的梦想和一套奇特而行之有效的方案，然后，你再走上舞台，尽情地指挥你那奇妙的经济管弦乐队。其结果是在你自己的眼里，会认为不过是雕虫小技，或者说不过是借别人的鸡下了蛋。然而，世人却认为你出奇制胜，大获成功。因为，人们根本没有想到，竟能用别人的钱为自己做买卖赚钱。"

贺希哈17岁的时候就开始了自己的创富事业，他在第一次赚大钱的过程中赚到了属于自己的财富，同时也得到了一次深刻的教训。

那时候贺希哈一共只有255美元。在股票的场外市场做一名掮客，不到一年的时间便赚到16.8万美元。他在长岛买了一幢房子，还为自己买了第一套像样的衣服。第一次世界大战的停战协议签订，贺希哈认为和平即将到来，聪明得过了头的他顽固地买下隆雷卡瓦那钢铁公司的股票。最后，贺希哈在钢铁公司把自己挣的钱全赔了进去，只剩下4000美元。贺希哈最喜欢这种说法："我犯了很多错，一个人如果说不会犯错误，他就是在说谎话。但是我如果不犯错，也就没有办法学到下次如何做对。"这一次他学到的教训是，除非你了解内情，否

则，绝对不要买大减价的东西。

贺希哈到20岁的时候，已经挣了很多钱。1923年，他娶了布鲁克林区的珍妮·葆曼为妻，她先后为他生了4个孩子。

1924年，他放弃证券的场外交易，去做未列入证券交易所买卖的股票生意。开始是和别人合资经营，一年以后他开设了自己的贺希哈证券公司。1928年，贺希哈做了股票揽客的经纪人，每个月可以赚到20万美元。

但是比他这种赚钱的本事更值得称道的，就是他能够立刻停止不利的决策，遇到不对劲的情况，立刻做出改变。1929年的春天，正当他想付50万美元在纽约的证券交易所买一席位子，但不知道什么原因，他最后并没有买下那个席位。贺希哈回忆这件事情时说："当你知道医生和牙医都停止看病而去做股票投机生意的时候，一切都要乱了。我能看得出来，大户买进公用事业的股票，又不断把它们抬高。我怕了，所以在8月份我把手头上的股票全部抛出。"他脱手以后，净赚40万美元。

商业上的突然全面崩溃以后，他于1929年12月里又开始补进一些股票，然后在第二年的春季把持有的股票全部卖出，以一连串迅速的短线交易赚得了一些利润。贺希哈回忆说："我那个时候还是个小孩子，没有什么经验，如果一直这样下去，一定会发大财。"

他发现了另一条发大财的路线，那就是去加拿大。他曾经到那里去过一两次，对加拿大的黄金市场印象很深刻。1933年初，贺希哈公司在多伦多少数几家证券公司中开业。事实上，那时候的美国银行界

正在纷纷关闭，而加拿大海湾街上贺希哈的财运正在开始。

这一次他和赖宾兄弟公司合作开设戈纳黄金公司。赖宾兄弟一个叫查利，一个叫盖赛德，都是加拿大有名的矿产开发者。开始的时候，贺希哈用可以转让的财产折为黄金，取得59.8万股，算起来每股还不到两毛钱。1934年7月，也就是戈纳黄金公司在多伦多的证券交易所出现以后的3个月，他的股票飞涨到每股2.5美元。这时贺希哈决定撤回对市场的支持，10月31日早晨从1.43美元开盘，不到两个小时就跌到0.94美元。

证券管理会报告说："操纵股票的方式，就是用买进和卖出的手段，在群众心理上造成巨幅涨落的印象。贺希哈这一点做得很高明。操纵的人只要坐在几部电话机的中间，就可以买卖股票，不让捐客知道有人在操纵。"虽然操纵股票的行为是加拿大法律所禁止的，但证券管理委员会并不认为他犯了罪。贺希哈否认他在操纵戈纳黄金公司。"我在欧洲，"他诡辩道，"当我回来发觉价钱正在跌落的时候，我可不愿意看到这种情况，所以我开始卖出。"

1936年是贺希哈最冒险也是最赚钱的一年。安大略省北部，早在人们淘金发财的那个年代就成立了一家普莱史顿金矿开采公司。这家公司在一次大火灾中焚毁了全部设备，因该公司资金短缺、无力重建，股票一下跌到不值5分钱。有一个叫陶格拉期·雷德的地质学家，知道贺希哈是个思维敏捷的人，就把这件事告诉了他。贺希哈听了以后，拿出2.5万美元做试采计划，不到几个月就挖到金矿了，仅离原来的矿坑25米。

创富密码

普莱史顿的股票开始上升，海湾街上的大户以为这股票一定会跌下来，所以纷纷抛出。贺希哈却不断地买进，等到他买进普莱史顿大部分股票时，这只股票的价格已超过了两马克。这座金矿每年毛利达250万美元。贺希哈在他的股票继续上升的时候，把普莱史顿的股票大量卖出，自己留了50万股，这50万股等于他一个钱都没花而白捡来的。

这些股票使贺希哈回想其过去在布鲁克林过的那种艰苦的日子，真是天上人间。现在他拥有两幢公寓、三所房子——公寓在多伦多和纽约，房子在葛兰特奈克、长岛、朴库诺斯。为了调节自己工作的情绪，他替自己买了7架钢琴。在朴库诺斯，他在占地470英亩的山坡上造了一座漂亮的法式建筑，有手球场、游泳池、乳牛和足以供24个人居住的房间。

这位手摸到东西便会变成黄金的人，也会遇到麻烦。1945年，贺希哈因为大意，未经许可而携带1.5万美元出境，被加拿大政府罚了8500美元。同一年里，他跟他的第一任太太离婚，他承认这很不幸，而离婚的原因完全是由于自己过分专心于工作的原因。不久，他和现代画家李莉·哈蒙结婚，两人也没能白头偕老。1956年，他们坚持9年的婚姻也彻底破裂。几个月以后，他和纽约的布伦达·海蒂结婚。

在20世纪40年代，他最愉快的赚钱经历是加进了美国的梅沙毕钢铁公司。"当我买下梅沙毕股票的时候，"他说，"还没有一个人懂得含有氧化铁微粒的打炎岩是什么东西。很多人以为那是一种清洁皮肤的新产品，但是我知道这种东西可以发大财。"他把这种股票买

进抛出，不到几年的光景净赚了1550万美元。贺希哈不需要到公司里去就可以赚到钱，但在同一个时期里，他的菲律宾金矿却赔了300万美元，他发觉自己被民族主义原则和币制的限制搞糊涂了，这也使他又一次得到教训，"你到别的国家去闯事业，一定要把一切情况弄清楚。"

20世纪40年代后期他对铀发生了兴趣，结果证明这比以前的任何一种事业更能吸引他。他研究过加拿大寒武纪以前的岩石情况、铀裂变痕迹，也懂得测量放射作用的盖氏计算器。1949—1954年，他在加拿大萨克其万河西北方的亚大马斯卡湖地区，买下470平方英里蕴藏铀的土地。亚大巴斯公司在贺希哈的支持下，成为第一家以私人资金开采铀矿的公司。不久他聘请法兰克·朱宾负责他的矿务技术顾问公司，这位学者模样的需要想办法解答一个谜：安大略灌木丛生的艾戈玛盆地底下到底有什么神秘的东西？这是以前许多人探测过的地区，勘探矿藏的人和地质学家都到这块充满猎物的土地上勘测过。大家都注意着盖氏计算器的结果。大家都把矿苗带回去分析，专家的分析结果显示，这里根本没有专家们认为的铀矿。

朱宾对于这种理论大部分都同意，但是他却注意到了一些看来是无关重要的"细节"。一天他把一块旧的艾戈玛矿加以试验，看看有没有铀元素，结果发现稀少得几乎没有。这样，他知道自己已经找到了原因，原因就是土地表面的雨水、雪和硫黄，把这盆地中放射出来的东西不是掩盖住就是冲洗殆尽了。而且盖氏计算器也曾经测量出，这块地底下确实藏有大量的铀。他向十几家矿业公司游说，劝他们做

一次钻探，但大家都认为这是徒劳的。朱宾去找贺希哈。贺希哈答应投资3万美元。1953年4月6日开始钻探，结果在5月的一个星期六早晨，工人报告说56块矿样里有50块含有铀。朱宾忍不住对一位朋友大叫："贺希哈这狗日的真是财运高照！"

贺希哈给人的印象很深刻。他手里紧紧地捏着一块小毛巾，准备随时擦汗的样子，尤其是接电话的时候，嘴上经常叼着一支没有点燃的雪茄烟。对任何股票经纪人来说，电话是不可缺少的工具，对贺希哈来说更是如此，电话好像是他身上的一个重要的器官。1947年的一个晚上，贺希哈把他的女儿叫到纽约一家医院的病床边。贺希哈因患了严重的腹膜炎，两只手正固定在诊疗器上输血。当他的女儿悄悄地走进病房时，听到他在喊："把我手上的鬼东西拿开，我要打电话！"

一个人怎么样才会成功是很难分析出具体的原因的，但是在贺希哈身上我们最起码可以分析出这一样成功的因素，那就是他自己有一个简单的公式：按照自己的自我意向去做事，成功的概率很大。

第七章　感受金钱的存在

是谁在缺钱

你已经见识到了钱是怎么影响这个时代的，也一定听过那些煽情的演讲者长达数小时关于它的演讲，也已经读过关于它的数不清的文章和社论，见识到了它巨大的影响力。但是，评论和演讲等之类的东西，却从不曾提起过这个曾经是世界上最富有的人之一——亨利·福特，至少我没听过。

这是什么原因？因为在福特的观点里钱就是拿来用的，用它来创造更多工作岗位，用它来为我们创造更舒适的生活，用它来为我们带来更多的乐趣，用它让我们活得更久、更健康。而这正是他能拥有这么多财富的原因，也正是他能从有限的生命中获得这么多恩赐的原因，这也正是你和宇宙的无穷财富联系在一起的方法。

你必须明确一点，你不是在努力赚钱，而是在努力找寻将钱用在最合适之处的方法。

我们因为获得了美好的精神家园而重焕生机，拥有了敢于面对一切的勇敢与坚定，不再彷徨、怯弱、恐惧、害怕。一些新的意识在心底被唤醒，我们瞬间便拥有了无穷的能量。在它的指导下，我们跨越人生的沟壑坎坷，无所畏惧地笑着阔步前行。

这股改变的能量是由内而生的。只有我们先付出主观能量，才能拥有它，而且除此之外，别无他法。全部的宇宙能量在形态分化中，

注入到了我们每一个人的体内，为了不让这些能量在体内堵塞，我们必须将它释放，而且也只有这样，我们才能获得源源不绝的新能量。在生命进行的每一步中，只有实实在在地付出越多，才能得到越多。如果需要身体更强壮，那么就必须付出比一般人更多的毅力和心血去坚持锻炼，如果需要积累更多的财富，那么就必须先投资金钱去搭建创富平台。只有这样，我们才能获得丰盈的回报。

推而广之，商人用商品换回利润，产品凭高效的服务赢得主顾，律师以有效的辩护维持客户。这个道理存在于所有的奋斗经历之中，也同样存在于精神能量的领域中。只有对自身已经拥有的精神能量加以尽心使用，才能得到一切其他的能量。倘若丧失了精神，那么我们就一无所有了。

只要意识到了精神的力量及其强大的事实，我们就拥有了去获取精神的或是物质的一切必要力量或是能力。

心灵力量和金钱意识相互作用累积就形成了一切你想拥有的财富。心灵的力量就是那充满魔力的权杖，使你接受正确而有效的理念，为你安排具体可行的计划，让你在执行的过程中富有创意并充满快乐，最终收获因成功而带来的满足感。

在远古时代，有一个叫米达斯的国王。就像今天的许多人一样，米达斯爱财胜过一切。他最大的愿望就是希望有点石成金的能力，事实上现在许多人还在这样想。

国王在神的面前许愿，祈求神能给自己这个能力。神满足了国王的愿望，只要他碰触的东西就会变成金子。国王带着这种全新的力量

满心欢喜地走了。他迫不及待地想试一试，他从一棵栎树上折了一段细枝。就在树枝到手的瞬间，这段树枝就变成了金子，国王惊喜地瞪大了眼睛。他拔起一棵草，草变成了金子；他捡起一块石头，石头变成了金子；他从树上摘下一只苹果，苹果变成了金子……

他急忙跑回家，命令御膳房准备一场盛大的宴会。在吃饭的时候，他把所有的盘子、椅子、桌子，甚至墙，都变成了金子。然后坐下来与他的朋友和乡亲们庆祝自己获得了这样一种异乎寻常的能力。

但是，米达斯的快乐就此停止了。想象一下，当每一片食物被他放入口中的时候，立刻变成了金子！无论是面包、肉或是红酒，只要他一碰就变成硬邦邦的金子了！但是食物都变成了金子，他吃什么呢？那岂不是要活活饿死？更严重的是，当他的小女儿试图去拥抱他时，也立刻变成了金子。

当然，这只是个童话故事，但是却又是那么的真实。

人类使尽全身的本领去寻找金钱，一旦得到它却又要受金钱的折磨。他们发现它毁掉了健康、家庭和快乐，许多百万富翁愿意用所有的金钱换取一个好的胃口、换取妻子的爱和在他疯狂地争夺财富的过程中失去了对孩子们的教育。

所以找到你所需要的！留心观察生活中的点点滴滴，经常思考应该怎么改进这件事，这件事还能有什么其他更好的方法？然后想办法满足这些需要，只要你找出了满足它们的方法，就应当义无反顾地去做，然后财富就会按正确的方向运转，并最终源源不断地流入你的腰包。做好你该做的，然后你就可以完全信赖你的"宇宙智慧"，它会

找出解决问题的方法。你要在心里坚持这样的信念：对于任何一件正确的事情，只要你想做，就一定能做得到。然后制定出你的目标，让你所做的每件事，包括你的工作、你的学习、你的交际，都围绕着这个目标一步步地前进。让我们看看一首伯顿·布莱利的诗：

如果你对某种东西极度渴望

加倍努力为此奋斗

没日没夜为此劳碌

放弃娱乐、放弃睡眠、放弃舒适

一切渴望皆系于此

它的存在让其他一切变得俗艳和廉价

没有它生命对你而言只剩苍白和空洞

你所有的计划都为它而设

所有的美梦都为它而做

所有的汗水都为它而流

所有的烦恼都为它而生

为了它，你不再对人类和上帝畏惧

用尽你的能力、智慧与才华

全身心为此一搏

寒冷、贫穷、饥饿与憔悴都不能使你屈服

疾病、疼痛、身体和心灵的双重折磨亦不能使你放弃

你不屈不挠，勇往直前

那么最后的最后

它定是你的囊中之物。